航站楼高大空间
节能设计和运行应用指南

朱颖心　魏庆芃　林波荣　余娟　赵康
张德银　黄彦祥　卢地　刘加根　张楠　肖伟　著

图书在版编目(CIP)数据

航站楼高大空间节能设计和运行应用指南/朱颖心等著. —北京：中国建筑工业出版社，2020.7
ISBN 978-7-112-25137-7

Ⅰ. ①航… Ⅱ. ①朱… Ⅲ. ①航站楼-节能-建筑设计-指南 Ⅳ. ①TU248.6-62

中国版本图书馆 CIP 数据核字（2020）第 080496 号

责任编辑：齐庆梅
责任校对：李美娜

航站楼高大空间节能设计和运行应用指南

朱颖心　魏庆芃　林波荣　余娟　赵康
张德银　黄彦祥　卢地　刘加根　张楠　肖伟　著

＊

中国建筑工业出版社出版、发行（北京海淀三里河路9号）
各地新华书店、建筑书店经销
北京红光制版公司制版
北京同文印刷有限责任公司印刷

＊

开本：850×1168毫米　1/32　印张：3⅜　字数：90千字
2020年9月第一版　　2020年9月第一次印刷
定价：**49.00**元
ISBN 978-7-112-25137-7
（35898）

前　　言

随着我国民用航空业的快速发展，机场运营规模不断提升，打造绿色低碳机场、提高服务保障能力、推进技术进步和节能减排，成为我国民航业响应国家战略规划、应对国际竞争、缓解能源危机、推进高质量绿色发展以及实现民航强国战略目标的重要途径。作为服务于旅客的中心区域，机场航站楼在功能、流程、舒适性与人性化服务等方面具有显著的行业性要求，并具有空间高大、超大型钢结构曲面屋顶构造复杂、透明玻璃幕墙占比大、全年运行时间长、客流集中且变化大等特点。因此，与一般的公共建筑相比，机场航站楼室内环境控制难度更大、能源和材料消耗需求更高，旅客体验直接，是我国建筑节能和绿色发展的重点领域。

为推动我国的绿色机场建设，中国民航机场建设集团主持的国家"十二五"科技支撑计划项目"绿色机场规划设计、建造及评价关键技术研究"于 2014 年 1 月启动，历时近五年时间完成关键技术研究和工程示范，并于 2019 年 1 月结题验收。其中课题三"大型航站楼绿色建筑关键技术研究与示范"由清华大学建筑学院主持，北京新机场建设指挥部和北京建筑设计研究院有限公司参加。经过大量的研究与工程实践，课题三团队提出了适应航站楼不同区域功能、旅客流程及活动类型的室内环境设计参数；研究了航站楼围护结构与空间形态对能耗与室内环境的影响规律，开发了适用于航站楼能耗与室内环境性能模拟优化分析工具；为航站楼高大空间有效环境控制提出了末端系统技术新方案以及高效能源供应解决方案；建立了航站楼及能源站能耗模型与系统能效评价指标体系，并发布了《民用机场航站楼能效评价指南》等。此外课题三团队还研究了环保建材产品和新型结构体系在机场建筑中的适宜性，提炼出适合大型机场航站楼应用的新材料、施工工艺新工法和新技术，很多成果已经应用于北京大兴国际机场航站楼的设计和建设中，取得了良好效果。2019年，"绿色机场规划设计、建造及评价关键技术研究"项目获得了中国航空运输协会民航科学技术奖一等奖。

为了将科研成果落实到我国未来大量新机场的工程建设中，清华大学课题组成员（含清华大学建筑设计研究院、北京清华同衡规划设计研究院有限公司）凝练了团队的主要研究成果和心得，编写了这本指南，希望为我国未来的绿色机场航站楼设计、建设和运营提供有益的参考意见。由于时间有限，其中必有很多不成熟之处，欢迎各位专家与同行指正。

扫码可看书中部分彩图。

目　录

1 总 则

1.1 为贯彻和落实民航绿色发展与节能减排政策，规范机场航站楼节能设计，做到节约和合理利用能源资源，提高能源资源利用效率，制定本指南。

1.2 本指南适用于新建、改建及扩建机场航站楼的节能设计。

1.3 本指南结合航站楼建筑服务特征和室内环境需求特征，对航站楼建筑及热工设计、通风空调系统设计、冷热源系统设计、照明系统设计等提出通用性的节能设计要求，规定相应的节能技术措施，指导航站楼节能设计。

1.4 航站楼节能设计，除应符合本指南的规定外，尚应符合国家及行业现行有关标准的规定。

2 术　　语

2.1　空间平均净高　average height of space

室内空间平均净高是指屋面顶棚或者结构下沿至最近的主要楼层的平均净高。

2.2　预计平均热感觉投票　predicted mean vote（PMV）

PMV 指数是评价环境参数对人体热感觉综合影响的指标，反映了人群的统计平均热感觉。根据人体热平衡的基本方程式，综合了温度、湿度、风速、平均辐射温度、代谢率和服装热阻共六个因素对人体热感觉的影响，其结果表达为热感觉的评价等级，赋值范围从－3 到 0 再到＋3 共七个等级，代表的热感觉为很冷、不冷不热到很热。

2.3　室内空气质量　indoor air quality（IAQ）

对与室内空气环境相关的物理、化学及生物等因素给人员身体健康和心理感受造成的影响程度的综合性描述。

2.4　换气次数　air change rate

单位时间内室内空气的更换次数，即通风量与房间体积的比值。

2.5　平均照度　average illuminance

规定表面上各点的照度平均值。

2.6　参考平面　reference surface

规定用作比较基准的平面。

2.7　统一眩光值　unified glare rating（UGR）

它是度量处于视觉环境中的照明装置发出的光对人眼引起不舒适感主观反应的心理参量，其值可按 CIE 统一眩光值公式计算。

2.8　混响时间　reverberation time

当声源停止后声压级衰变 60dB（相当于平均声能密度降为原来的 $1/10^6$）所需的时间。本定义假设之前提为：声压级衰变时，被测之声压级衰变量与时间呈线性关系，以及背景噪声足够低。

2.9 语言传输指数 speech transmission index（STI）

由客观测量获得的用于表述传输通道清晰度的量，可客观地评价房间内语言传输的可懂度。通过测量传输通道的调制转移函数而导出，即系统平方脉冲响应的傅立叶变换与系统平方脉冲响应积分的比值。STI 的评定数值范围为 0～1；1 代表完美的声音传输，0 代表完全不可懂的声音传输。

2.10 能源站系统能效比 energy efficiency ratio（EER）

在同一段时间内，能源站冷热源提供的冷/热量，与能源站总能源消耗量的比值。

2.11 水输送系数 water transport factor（WTF）

在同一段时间内，输配系统或输配系统内某一设备输送的冷热量，与该系统或该设备能源消耗量的比值。

2.12 冷热电联供系统 combined cooling, heating and power（CCHP）

以天然气为主要燃料带动燃气轮机、微燃机或内燃机发电机等燃气发电设备运行，产生的电力供应用户的电力需求，系统发电后排出的余热通过余热回收利用设备（余热锅炉或者余热直燃机等）向用户供热、供冷的系统形式。

3 概　述

3.1　建筑设计和服务特征

航站楼是机场的标志性建筑，是地面交通和空中交通的结合部。作为机场服务于乘客的中心区域，航站楼在功能、流程、实用性、舒适性与人性化服务等方面具有显著的行业特点。为满足功能需求，航站楼往往空间高大、玻璃幕墙使用面积大、全年运行时间长、客流集中且变化大。因此，与一般的公共建筑相比，航站楼能耗需求大，是机场节能减排和绿色建设的重点。

（1）建筑高大、通透

为了尽可能减少乘客在流线上、视觉上的阻碍和交叉，确保乘客快速通过和疏散，国内外现有航站楼的建筑设计，多采用大跨度结构形式。出于视野和采光要求，围护结构多以大面积透光玻璃幕墙为主。通常大中型航站楼建筑主体部分楼层数较少，层数一般不多于 4 层；乘客值机、候机等区域层高大，其层高多高于 10m、甚至超过 20m，是普通民用建筑层高的 3～5 倍；由图 3.1 可见单个建筑室内空间的面积大，例如值机厅、候机厅面积大多超过 10000m²。因此，较普通公共建筑而言，航站楼建筑具有跨度大、层高大和面积大的特点，相对而言其围护结构的面积比例也更大。

（2）透明围护结构比例大

在航站楼建筑中多采用透明围护结构材料（图 3.1），如玻璃幕墙、透光薄膜等，以提高室内天然采光效果，同时为乘客提供舒适的视野。然而，较大面积的透明围护结构的使用，使得进入室内的太阳辐射量明显增多，也使得围护结构的内壁面温度较高，增加了空调系统的冷负荷，是空调系统运行能耗高的重要原因。

(a) 上海浦东机场T2航站楼　　　　　　　(b) 西安咸阳机场T3航站楼

图 3.1　航站楼的透明围护结构

（3）客流量大、密度高

大中型航站楼的平均日客流量为 5 万～10 万人次，在节假日等高峰时期，乘客人数较平时激增，甚至超过 20 万人次。因而，航站楼建筑的客流量是普通公共建筑无法相比的。因为大量乘客需要在航站楼中进行值机、安检、候机、到达等活动，如值机大厅内乘客密度往往超过 0.67 人/m²，远超过普通办公室 0.125 人/m² 的人员密度，因此航站楼建筑的客流量和客流密度远高于普通公共建筑。

（4）全年运行时间长、室内舒适性要求较高

由于运营的特点，航站楼一般从早晨 6 点连续运行至夜间 12 点，仅在夜间（约晚 12 点后到早 6 点前）有短时间停止运营时段。所有航站楼全年 365 天均需运营，且周末、节假日、春暑运往往是客运的高峰，因此航站楼建筑的全年运营时间远高于普通公共建筑。作为各地重要的交通枢纽和标志性建筑，航站楼对室内舒适环境的要求较高，例如，在人员活动区域内应该保证不同季节与不同类型活动条件下均具有很好的热舒适感，以及保证人员的新风量需求，各空间均无不适的气味等。

（5）仅近地面高度的空间存在环境控制需求

航站楼内高大空间区域较多，但高大空间内人员活动区域一般仅在距离地面 2m 高度以内的范围。因此，从节约空调耗冷/热量的角度考虑，在满足人员活动区域（距地面 2m 以内）热舒

适要求的同时，应减少空调供冷/热量在空间上部区域（距地面2m以上）的消耗。这种部分空间的空调方式能从源头上减少空调负荷，降低空调系统运行能耗。

（6）室内不同区域人员活动类型不同，对热环境的需求也不同

航站楼内的人员活动类型与一般大型公共建筑存在很大差别，不仅有一般大型公共建筑常见的静坐和慢慢走动的情况，而且更多的是乘客携带沉重的行李行走、心情急切地赶路、长时间排队等活动强度较大、代谢率偏高的情况。这与一般大型办公建筑内绝大部分人是坐着工作、大型商场内大部分人是在悠闲地慢慢走动有很大的差别。在大型航站楼中，不同分区中人群活动特点的区分度就更为明显。

此外，由于乘客在办理乘机手续和候机过程中不便更换服装，因此乘客在航站楼内的着装与在室外的着装差别不大，受地域与季节室外气候的影响很大。尤其是冬季，室内乘客的着装显著要比大型写字楼中室内人员的着装厚重，服装热阻大。因此导致对环境的热需求有很大的差别。

3.2 室内环境特征（热环境、气流组织、光环境和声环境）

（1）地板表面太阳辐射强

由于航站楼建筑体量大、外围护结构采用大面积玻璃幕墙，

(a) 地面太阳辐射

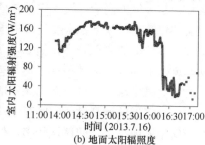

(b) 地面太阳辐照度

图 3.2　室内地面太阳辐照度（西安咸阳机场实测）

夏季透过幕墙照射到地板表面的太阳辐射量较大。如图 3.2 所示，当室外太阳辐照度为 $500\sim750\text{W}/\text{m}^2$ 时，地板表面实测的太阳辐照度为 $160\sim175\text{W}/\text{m}^2$。

太阳辐射照射到地板表面，会使得地板表面温度升高，近地面人员受到的辐射温度提高，引起不舒适感。

（2）围护结构壁面温度高

航站楼、铁路客站等高大空间夏季实测的围护结构内表面温度情况如图 3.3 所示，在室外太阳辐射和高温气候的影响下，外墙内表面温度超过 30℃，顶棚温度达到 35℃，而玻璃的内表面温度可达 35℃以上。

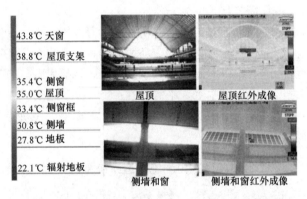

43.8℃ 天窗
38.8℃ 屋顶支架
35.4℃ 侧窗
35.0℃ 屋顶
33.4℃ 侧窗框
30.8℃ 侧墙
27.8℃ 地板
22.1℃ 辐射地板

屋顶　　屋顶红外成像

侧墙和窗　　侧墙和窗红外成像

图 3.3　围护结构内表面温度（航站楼和高铁站实测）

人体实际感觉的温度（操作温度）是室内空气温度和周围壁面温度的综合值。在普通办公建筑中围护结构内壁面温度与室温比较接近；但在航站楼等高大空间内，由于内壁面温度非常高，在常用射流喷口送风的情况下（对流换热为主），要达到与普通办公建筑内 $25\sim26$℃相近的热舒适感觉时，通常需要航站楼的室内空气温度降低到 $22\sim23$℃才能实现。

（3）渗风显著

由于航站楼频繁开启大门，无组织渗风较为严重，影响冬夏季节航站楼室内热舒适，也不利于节能。冬季主要在到达层、出发层大门及廊桥区域室温偏低，个别航站楼登机口冬季室温甚至低于14℃。夏季无组织渗风也会带来室内环境参数无法控制达标、湿度过大等问题。

（4）白天采光充足，夜间照度普遍低于现行标准要求

尽管大型航站楼进深大，由于采用大面积玻璃幕墙和设置天窗，室内天然采光效果并不差。实测发现，新建航站楼日间大部分区域天然采光照度值可达到300～500lx，已显著高于国家相关标准要求。而夜间公共区实际照度远低于室内环境设计标准要求的200lx，但因按夜间行走标识进行了照度设计，便捷性较好，反而没有乘客抱怨。

（5）声环境欠佳

由于乘客频繁流动、交谈、播音广播等原因，并且受航站楼高大空间影响，航站楼室内的声环境欠佳，经常出现广播通知清晰度不够，或者难以引起乘客注意的情况。调研发现，航站楼室内噪声强度处于较高水平，平均值在55～70dB之间。乘客抱怨的噪声来源主要为室内交谈导致的混响声，而室外飞机噪声对室内声环境影响较小。

3.3　室内环境营造系统需求

基于航站楼建筑设计、服务和室内环境现状特征，在进行室内环境营造系统设计时，应遵循被动优先节能、主动节能优化原则，尤其对于空调和照明这两类航站楼主要耗能系统的设计上，通过以下措施实现建筑节能：

1. 控制机场主要建筑的高度，优化建筑构型，减少用能需求；

2. 充分利用天然采光和自然通风，根据气候特点和室内发热量特征，合理采用建筑围护结构保温隔热和遮阳措施；

3. 合理设计能源站容量，并靠近负荷中心布置；

4. 优化能源综合利用方案，实现能源高效利用；

5. 充分利用蓄能技术，减少航站楼高峰用能；

6. 减少冷热量输送能耗，降低对冷热源温度品位的要求（提高冷热源设备效率）；

7. 采用部分空间空调方式，即在人员活动区域内提高热舒适性，同时减少高大空间上部区域的冷热量消耗；

8. 高效采集室内太阳辐射、高温壁面长波辐射热量，避免其影响室内热环境，实现舒适和节能双利；

9. 采用高效用能设备，减少用能损耗。

4 室内环境设计参数

4.1 现有国内、外标准

4.1.1 热环境标准

航站楼作为一类特殊的公共建筑，功能分区繁多。在确定室内设计参数时，必须搞清楚航站楼各功能分区室内乘客的热需求。基于这个研究出发点，首先对国内外航站楼室内设计参数标准进行了整理，并进行了比较分析，特别是对某些差异对能耗可能带来的影响进行了讨论。

我国《民用建筑供暖通风与空调设计规范》GB 50736-2012（下称《规范》）对长期逗留区域空气调节室内参数分舒适度等级进行了规定，如表 4.1 所示。对于短期逗留区域空气调节室内计算参数，规范也给出了推荐要求，即可在长期逗留区域参数基础上适当放低要求：夏季空调室内计算温度宜在长期逗留区域基础上提高 1~2℃，冬季空调室内计算温度宜在长期逗留区域基础上降低 1~2℃，短期逗留区供冷风速不大于 0.5m/s，供热风速不大于 0.3m/s。

表 4.1 长期逗留区域空气调节室内参数

参数	舒适度等级	温度 （℃）	相对湿度 （%）	风速 （m/s）
供热 工况	Ⅰ级	22~24	≥30	≤0.2
	Ⅱ级	18~22	—	≤0.2
供冷 工况	Ⅰ级	24~26	40~70	≤0.25
	Ⅱ级	27~28	≤70	≤0.3

表 4.2 为我国部分既有航站楼室内温湿度设计参数。可以看出，我国航站楼夏季室内设计参数主要按照规范Ⅰ级舒适度等级

进行设计，多数集中在干球温度 24～26℃、相对湿度 50％～60％范围之间，冬季按照规范Ⅱ级舒适度等级进行设计，主要为干球温度 20～22℃、相对湿度在 30％～40％之间。对于乘客长期停留区域（如候机厅）和短期停留区域（如到达厅、行李提取处等）的设计参数要求并无差异。而《规范》中这些设计参数的数值，实际上均是针对以静坐为主（代谢率为 1～1.1met）的办公室建筑而确定的。在航站楼设计中直接套用办公建筑设计参数，并且不分区域全部采用相同的参数设计值，这与航站楼内人员活动的特点是不匹配的。

表 4.2　我国部分既有航站楼室内温湿度设计参数

航站楼编号	房间功能	夏季		冬季	
		干球温度（℃）	相对湿度（％）	干球温度（℃）	相对湿度（％）
1	值机厅	26	50	20	30
	到达厅	26	50	20	30
	安检厅	26	50	20	30
	候机厅	26	50	20	30
	公共区域	26	50	20	30
	行李提取	26	50	20	30
2	值机厅	26	55	20	—
	到达厅	26	55	20	—
	安检厅	26	55	20	—
	候机厅	26	55	20	—
	公共区域	26	55	20	—
	行李提取	26	55	20	—
3	值机厅	25	55～60	20	30
	到达厅	25	55～60	20	30
	安检厅	24	55～60	22	30
	候机厅	24	55～60	22	30
	公共区域	25	55～60	22	30
	行李提取	25	55～60	22	30

续表 4.2

航站楼编号	房间功能	夏季		冬季	
		干球温度（℃）	相对湿度（%）	干球温度（℃）	相对湿度（%）
4	值机厅	25	55	20	40
	到达厅	25	55	20	40
	安检厅	25	55	20	40
	候机厅	25	55	20	40
	公共区域	25	55	20	40
	行李提取	25	55	20	40

实际调研测试发现，虽然航站楼内公共区域温湿度在 80% 控制时段内可达到规范中的舒适度 II 级要求，但由于不同区域达标率差别较大，而且缺乏针对不同区域、不同活动强度下热舒适要求的区别控制，影响了乘客满意度。例如，一些乘客长期停留区域（例如候机区）存在夏季过热、冬季过冷问题，而乘客短期停留区域（例如到达区、行李提取区和迎客区）却往往出现夏季过冷、冬季过热的现象。

4.1.2 新风量标准

《规范》中针对公共交通等候室给出了不同人员密度的条件下的最小新风量。例如当人员密度不超过 0.4 人/m² 时，人均最小新风量为 19m³/(h·人)；当人员密度超过 1 人/m² 时，人均最小新风量降至为 15m³/(h·人)。

4.1.3 光环境标准

我国《建筑设计照明标准》GB 50034 - 2013[2] 中条款 5.2.10 给出了交通建筑照明标准值，见表 4.3。显然主要空间的照明标准是参照了办公建筑的照明标准的，基本在 200～300～500lx 的范围内。

表 4.3　交通建筑照明标准值

房间或场所		参考平面 及其高度	照度标准值 （lx）	UGR	U_0	R_a
售票台		台面	500	—	0.70	80
问讯处		0.75m 水平面	200	—		80
候车室 （机、船）	普通	地面	150	22	0.40	80
	高档	地面	200	22	0.60	80
中央大厅、售票大厅		地面	200	22	0.60	80
海关、护照检查		工作面	500	—	0.70	80
安全检查		地面	300	—	0.60	80
换票、行李托运		0.75m 水平面	300	19	0.60	80
行李认领、换票 大厅、出发大厅		地面	200	22	0.40	80
通道、连接区、 扶梯、换乘厅		地面	150	—	0.40	80
有棚站台		地面	75	—	0.60	20
无棚站台		地面	50	—	0.40	20
走廊、流动区域	普通	地面	75	—	0.60	80
	高档	地面	150	—	0.60	80
楼梯、平台	普通	地面	50	—	0.60	80
	高档	地面	100	—	0.60	80
地铁站厅	普通	地面	100	25	0.60	80
	高档	地面	200	22	0.60	80
地铁进出门站厅	普通	地面	150	25	0.60	80
	高档	地面	200	22	0.60	80

通过现场实测位于我国不同光气候区的三个大型航站楼的值机厅和到达厅，测试了室内白天天然采光和夜间灯光照明的光环境现状，发现在现有的窗墙比和天窗设计条件下，航站楼白天室内天然采光效果较好，天然采光照度平均值可达到450lx，在阳光直射区域可高达6000lx，远远高于标准要求。

对于夜间照明，不同功能区域（候机区域和到达区域）的照明效果差异不大，照度均值约60lx，远远低于标准要求的200lx。但从乘客的满意度调研结果来看，大部分乘客对此照度表示满意。调研发现，对于候机区域，乘客常有阅读需求，而对于到达区，乘客仅作短暂停留，并无对照度的高要求。因此，从使用需求角度考虑，不同功能区域的照度标准应该有所不同，到达区域的照度标准应该低于候机区域，而根据现场调查的结果得知，候机区的实际照度要求也远低于200lx，因为目前乘客主要的阅读媒介是电子媒介。然而，在现行的建筑设计照明标准中，对于交通建筑不同功能区域的照度要求并无差异。

4.1.4 声环境标准

我国目前并无针对航站楼的室内声环境标准，只有《机场周围飞机噪声环境标准》GB 9660－88[3]。室内部分只有在《民用建筑隔声设计规范》GB 50118－2010中有涉及交通建筑的隔声量标准。

4.1.5 国外航站楼的室内环境标准

在美国 ASHRAE handbook HVAC APPLICATIONS 2015[4]第三章商业与公用建筑中的第2小节交通建筑里有专门介绍机场的部分，但并没有提出具体室内各项参数标准。另外在 ASHRAE Standard 62.1-2016[5]中对交通建筑室内设计参数的规定，如表4.4所示。

美国 ASHRAE Standard 62.1标准对交通建筑的等候区的新风量有规定。其新风需求量由人员新风量和面积新风量两部分求和所得，即按照该区域的人员数和面积，分别乘以表4.4中人均新风量和单位面积新风量，二者相加求和。其默认值为 14.76m³/(h·人)，略小于我国《规范》中的 15m³/(h·人)。

需要注意的是，这里算出来的新风量是针对由地面以上 75mm 与 1.8m 之间，与距墙 600mm 垂直平面所围成的区域，即"呼吸区（Breathing Zone）"。

表 4.4　美国 ASHRAE 标准针对交通建筑室内设计参数的规定

ASHRAE Sdt 62.1 标准中的新风量标准（候机/车区）							
人均新风量		单位面积新风量		默认值			空气级别
				人员密度	总新风量		
Cfm/人	L/(s·人)	Cfm/ft²	L/(s·m²)	人/100m²	Cfm/人	L/(s·人)	
7.5	3.8	0.06	0.3	100	8	4.1	
m³/(h·人)		m³/(h·m²)		m³/(h·人)			1
13.68		1.08		14.76			

注：Cfm 为立方英尺/分钟。

表 4.5 为英国 CIBSE 环境设计指南 A（2007）[6] 对航站楼室内设计参数的规定。

可以看出，冬季行李提取的操作温度设计值较低（12～19℃），行李提取是乘客短暂停留的地区，因此较低的温度并不会对乘客的热感觉造成较大的负面影响，采用较低的采暖设计温度是比较节能的做法；另外，各功能区夏季操作温度设计值集中在 21～25℃，是一个比较低的温度范围，按此标准进行设计的话会造成夏季空调能耗偏高。

从表 4.5 中我们可以看到，英国 CIBSE 在提供操作温度设计值的时候，给出了对应的人体代谢率和服装热阻，而且给人体代谢率较大的行李提取区较低的冬季温度，这是相较于其他标准比较独特而且比较合理的地方。但其夏季的空调温度与其他国家相比都偏低，供冷需求也会较高。

表 4.5 英国 CIBSE 标准规定的航站楼室内设计参数

室内温湿度、新风等参数

功能区域	冬季			夏季			推荐新风量 [m³/(h·人)]	过滤等级	照度 (lx)	噪声级 (NR)
	操作温度 (℃)	代谢率 (met)	服装热阻 (clo)	操作温度 (℃)	代谢率 (met)	服装热阻 (clo)				
行李提取	12~19	1.8	1.15	21~25	1.8	0.65	36	F6~F7	200	45
值机厅	18~20	1.4	1.15	21~23	1.4	0.65	36	F6~F7	500	45
机场大厅（无廊）	19~24	1.8	1.15	21~25	1.8	0.65	36	F6~F7	200	45
海关	18~20	1.4	1.15	21~23	1.4	0.65	36	F6~F7	500	45
候机厅	19~21	1.3	1.15	22~24	1.3	0.65	36	F6~F7	200	40

室内发热等参数

功能区域	人员密度 (人/m²)	显热 (W/m²)			人员潜热 (W/m²)
		人员	灯具	设备	
机场大厅	0.83	75	12	5	4
值机厅	0.83	75	12	5	50
门厅	0.83	75	15	5	50
海关	0.83	75	12	5	50

表 4.6 给出了日本《空气调和·卫生工学便览》(第 14 版)[7] 中交通设施部分对航站楼室内设计参数的规定，可以看出，航站楼内冬季除了办公室室温较高以外，其他区域是按照相同温度设置的。夏季温度除了店铺和办公室为 26℃ 以外，其他区域的温度设计值均较高（27℃）；冬季的室内相对湿度设计值为 45%，因此冬季的加湿量需求较大。

表 4.6 日本《空气调和·卫生工学便览》(第 14 版) 规定的航站楼室内设计参数标准

功能区域	冬季		夏季		人员密度（人/m²）	内部发热（W/m²）
	干球温度（℃）	相对湿度（%）	干球温度（℃）	相对湿度（%）		
出发/到达厅	20	40	28～26	50	0.5～1.0	20～30
登机口休息区	20	40	27～26	50	0.5～1.0	30
机场大厅	20	40	28～26	50	0.3～0.4	20
餐饮	20	40	26	50	0.5～0.7	100～200
CIQ 检查室	20	40	28～26	50	1.0	30
办公室	22	40	26	50	0.2	30～80

4.2 建议的室内温湿度参数

根据航站楼各功能区内乘客活动水平以及在不同气候下的着装水平不同，室内温湿度设计参数宜根据不同气候区按照表 4.7～表 4.11 选取。

表 4.7　严寒地区航站楼不同区域温湿度建议值

场所		夏季		冬季		过渡季	
		操作温度（℃）	湿度（%）	操作温度（℃）	湿度（%）	室外温度 $T_w<20℃$	室外温度 $T_w>20℃$
值机厅		24～27		17～21			
安检区		24～27		19～22			
商场		25～28		19～22			
候机厅	座椅区	25～27	40～70	19～22	20～70	室内外温差下限：$\Delta T>14.3\sim0.69T_w$	室内外温差上限：$\Delta T<21.3\sim0.69T_w$
	走道区	24～29		17～20			
到达厅	走道区	22～27		14～17			
	行李提取	24～26		16～20			
	迎客区	24～27		16～20			
	座椅区	25～27		19～22			

表 4.8　寒冷地区航站楼不同区域温湿度建议值

场所		夏季		冬季		过渡季	
		操作温度（℃）	湿度（%）	操作温度（℃）	湿度（%）	室外温度 $T_w<20℃$	室外温度 $T_w>20℃$
值机厅		25～28		18～22			
安检区		25～28		20～23			
商场		26～28		20～23			
候机厅	座椅区	25～27	40～70	20～23	20～70	室内外温差下限：$\Delta T>14.3\sim0.69T_w$	室内外温差上限：$\Delta T<21.3\sim0.69T_w$
	走道区	25～30		18～21			
到达厅	走道区	23～28		15～19			
	行李提取	24～27		18～21			
	迎客区	25～28		18～21			
	座椅区	25～27		20～23			

表 4.9 夏热冬冷地区航站楼不同区域温湿度建议值

场所		夏季		冬季		过渡季	
		操作温度（℃）	湿度（%）	操作温度（℃）	湿度（%）	室外温度 $T_w<20℃$	室外温度 $T_w>20℃$
值机厅		25～28	40～70	18～22	20～70	室内外温差下限：$\Delta T>14.3\sim 0.69T_w$	室内外温差上限：$\Delta T<21.3\sim 0.69T_w$
安检区		25～28		20～23			
商场		26～28		20～23			
候机厅	座椅区	25～27		20～23			
	走道区	25～30		18～21			
到达厅	走道区	23～28		15～19			
	行李提取	24～27		18～21			
	迎客区	25～28		18～21			
	座椅区	25～27		20～23			

表 4.10 夏热冬暖地区航站楼不同区域温湿度建议值

场所		夏季		冬季		过渡季	
		操作温度（℃）	湿度（%）	操作温度（℃）	湿度（%）	室外温度 $T_w<20℃$	室外温度 $T_w>20℃$
值机厅		25～28	40～70	20～23	20～70	室内外温差下限：$\Delta T>14.3\sim 0.69T_w$	室内外温差上限：$\Delta T<21.3\sim 0.69T_w$
安检区		25～28		21～24			
商场		26～28		21～24			
候机厅	座椅区	25～27		21～24			
	走道区	25～30		20～23			
到达厅	走道区	23～28		18～20			
	行李提取	24～27		19～22			
	迎客区	25～28		19～22			
	座椅区	25～27		21～24			

表 4.11　温和地区航站楼不同区域温湿度建议值

场所		夏季		冬季		过渡季	
		操作温度（℃）	湿度（%）	操作温度（℃）	湿度（%）	室外温度 $T_w < 20$℃	室外温度 $T_w > 20$℃
值机厅		24～27		20～23			
安检区		24～27		21～24			
商场		25～28		21～24			
候机区	座椅区	25～27	40～70	21～24	20～70	室内外温差下限：$\Delta T > 14.3 \sim 0.69 T_w$	室内外温差上限：$\Delta T < 21.3 \sim 0.69 T_w$
	走道区	24～29		20～23			
到达厅	走道区	22～27		18～20			
	行李提取	24～26		19～22			
	迎客区	24～27		19～22			
	座椅区	25～27		21～24			

【条文说明】

1. 温湿度

由于我国建设的机场航站楼多为玻璃幕墙建筑，应考虑太阳辐射透过透光围护结构对室内人员热舒适的影响。因此本条文采用操作温度来反映室内热环境。操作温度 t_o 代表了环境空气温度 t_a 和平均辐射温度 $\bar{t}_r$ 的综合作用，其计算式为（4-1），其中多数情况下操作温度可以根据式（4-2）简化计算。

$$t_o = \frac{h_r \bar{t}_r + h_c t_a}{h_r + h_c} \qquad (4\text{-}1)$$

$$t_o = \frac{\bar{t}_r + t_a}{2} \qquad (4\text{-}2)$$

室内平均辐射温度可依据式（4-3）计算：

$$\bar{t}_r = \frac{\sum_{i=1}^{n} t_i A_i}{\sum_{i=0}^{n} A_i} \qquad (4\text{-}3)$$

对于非透光围护结构，可认为其内表面温度与室内空气温度相同。

对于透光围护结构，应根据围护结构特性参数和室外气候参数，按照式（4-4）计算其内表面温度 t_{in}。

$$t_{in} = t_a - \frac{K(t_a - t_{out})}{h} \qquad (4\text{-}4)$$

另一种获得室内平均辐射温度的方法是通过黑球温度计来现场测得。把黑球温度计悬挂在测点处，使其与周围环境达到热平衡，此时测得的温度为黑球温度 t_g。如果同时测出了空气的温度，则当平均辐射温度与室内空气温度差别不是很大时，可按下式求出平均辐射温度为

$$\bar{t}_r = t_g + 273 + 2.44\sqrt{v}(t_g - t_a) \qquad (4\text{-}5)$$

式中：h_r 和 h_c——辐射换热系数和对流换热系数，$W/(m^2 \cdot ℃)$；

t_i——围护结构第 i 个内表面的温度，℃；

A_i——围护结构第 i 个内表面的面积，m^2；

K——透光围护结构的总传热系数，$W/(m^2 \cdot ℃)$；

h——围护结构内表面综合换热系数，为辐射换热系数和对流换热系数之和，$(W/m^2 \cdot ℃)$；

t_{out}——室外温度，℃；

v——风速，m/s。

夏季和冬季的建议相对湿度范围分别是 40%～70% 和 20%～70%，在进行温度舒适区确定计算中使用的夏季和冬季相对湿度分别为 60% 和 40%。

计算中风速的范围参见 4.4。

2. 人员代谢率

考虑到航站楼内部的功能分区，以及各个区域的人员活动类型，参考 ASHRAE Standard 55-2017[8]，得到表 4.12 中航站楼不同区域对应的人员活动水平的代谢。其中航站楼座椅区的人员活动状态不同于普通静坐状态，人员会较频繁地站起走动，因此座椅区人员代谢率取值 1.3met，这也与英国 CIBSE 环境设计

指南 A 中给出的航站楼候机大厅温度设计人员代谢率参考值一致。

表 4.12 航站楼不同区域人员代谢率

场所		活动类型	代谢率（met）
值机厅		站着/走动	1.6
安检区		站着/走动	1.6
商场		站着/走动	1.4
候机厅	座椅区	静坐/走动	1.3
	走道区	带行李步行	2.0
到达厅	走道区	带行李步行	2.6
	行李提取	提重物	1.8
	迎客区	站着/走动	1.6
	座椅区	静坐/走动	1.3

注：到达厅走道区是指乘客离开飞机进入航站楼后，通往行李提取处的步道区域。国际到达的入境处同迎客区。

3. 服装热阻

考虑到我国幅员辽阔，不同地区气候差异悬殊，同时航站楼不同于常见建筑，人从室外进入航站楼很难调整着装，需要参考室外气候特点来估算室内人员的服装热阻水平。根据我国五大建筑热工设计分区，确定了不同气候区夏季、冬季和过渡季的典型服装热阻值（表 4.13）。

表 4.13 不同气候区服装热阻值（单位：clo）

	严寒	寒冷	夏热冬冷	夏热冬暖	温和
夏季	0.6	0.5	0.5	0.5	0.6
冬季	2.0	1.7	1.7	1.3	1.3
过渡季	1.0	1.0	1.0	1.0	1.0

同时考虑到冬季乘客进行安检时需要脱去外套，对安检区的服装热阻根据表 4.14 进行了修正。

表 4.14　安检区冬季服装热阻

严寒	寒冷	夏热冬冷	夏热冬暖	温和
1.5	1.3	1.3	1.0	1.0

4.舒适区间的确定

根据以上确定的参数,由于夏季和冬季的风速要求相差较大,因此夏季和冬季的舒适温度区间应采用不同的确定方法:

(1)夏季舒适区的确定采用了综合标准有效温度(SET)考虑气流的冷却作用的 PMV 修正计算方法。

(2)冬季舒适区的确定中根据不同功能区人员走动步速的不同,修正了服装热阻,进而采用了经典 PMV 计算法。

(3)过渡季室内外温差的限值则是根据 ASHRAE 标准中的热适应模型给出的。

夏季舒适区的确定采用了综合 SET 考虑气流的冷却作用的 PMV 修正计算方法。标准有效温度 SET 是通过对人体的热生理模拟来计算的,该模型将实际环境和个人变量的任意组合简化为假想标准环境的温度,其确定条件包括平均皮肤温度和皮肤湿润度,需要通过二节点模型进行求解,ASHRAE 标准中给出了 SET 详细算法。利用 SET 对高风速下的 PMV 进行修正的详细的计算步骤如下:

步骤一:通过空气温度、平均辐射温度、相对湿度、风速、服装热阻和代谢率,计算 SET_1;

步骤二:将风速设置为 0.15m/s,同时降低空气温度,求得 SET_2,使得 $SET_2 = SET_1$;

步骤三:用步骤二中的风速、空气温度,以及原始平均辐射温度、相对湿度、服装热阻和代谢率计算修正 PMV。

舒适区间确定时,对于非走道区,修正 PMV 的范围在 0~0.5;对于走道区,风速较大且人员不会进行长期逗留,修正 PMV 的范围在 0~1,由此通过计算确定了夏季温度舒适区。

冬季舒适区的确定采用了修正服装热阻的方法,行走时由于人体与空气之间存在相对流速，会降低服装热阻，其降低的热阻值可用式（4-6）估算：

$$\Delta I_{cl} = 0.504 I_{cl} + 0.00281 v_{walk} - 0.24 \qquad (4\text{-}6)$$

其中，人的行走步速的单位是步/min，根据表4.13中不同区域活动类型，同时考虑旅客携带行李的情况，出发大厅和候机区走道行走步速为60步/min，安检区和商场行走步速为45步/min，行李提取和到达厅迎客区行走步速为30步/min，到达厅走道区域人的行走步速为80步/min，以此为依据对服装热阻值进行了修正。冬季舒适区的PMV范围在−0.3～0.3，同时考虑到高代谢率下，PMV的预测值与实际热感觉相差较大，将人员代谢率高于1.6met的区域，PMV范围调整为0～0.5，由此根据修正过的服装热阻确定舒适区温度。

4.3 新 风 量

航站楼的新风系统应按照航站楼内CO_2浓度的实时监测值来决定是否运行，或者作为确定新风送风量大小的依据，而不应直接按照系统的最小新风量设计值来进行送风。

【条文说明】

实测发现航站楼公共区域在绝大部分时候室内CO_2浓度均符合国标《室内空气质量标准》GB/T 18883规定。不少新建航站楼在供冷季新风机组不开的条件下，室内CO_2浓度也远低于国家标准规定的限值1000ppm。这表明这些新建航站楼存在大量无组织渗风，因此建议在运行中以室内CO_2浓度作为一个实时监测和反馈指标，用于优化新风系统运行，实现运行节能且改善室内舒适度。而室内环境标准中保证人员卫生要求的人均新风量则仅作为设计时确定设备容量的依据。

4.4 风 速

4.4.1 由于人员活动水平在航站楼室内各区域的状态有所不同，因此夏季在人员活动量大的地区宜适当提高空调区的风速，以达

24

到室内人员舒适的同时降低空调能耗的目的。

【条文说明】

表 4.15 是国标《民用建筑供暖通风与空气调节设计规范》GB 50736[1]中对长期逗留的空调区域风速提出的相关要求。短期逗留区域供冷风速不大于 0.5m/s，供热风速不大于 0.3m/s。而航站楼不同于普通办公建筑，人员携带行李且常在走动，走动时对吹风感的敏感度下降，应在夏季充分利用气流的冷却作用，不影响热舒适且能达到节能的目的。

表 4.15 《民用建筑供暖通风与空气调节设计规范》
中对风速的相关要求

类别	舒适度等级	风速（m/s）
供热工况	Ⅰ级	≤0.2
	Ⅱ级	≤0.2
供冷工况	Ⅰ级	≤0.25
	Ⅱ级	≤0.3

参考 ASHRAE Standard 55 中风速对人体可接受温度区影响的关系（图 4.1），并采用综合 SET 考虑气流的冷却作用的 PMV 修正计算方法来求得风速的上限。逗留时间比较长的座椅区风速

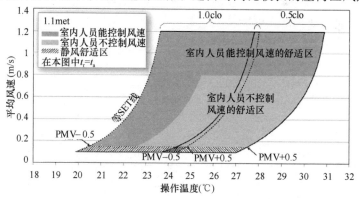

图 4.1 ASHRAE Standard 55 中风速对人体可接受温度区影响的关系

上限可提高到 0.5m/s，逗留时间相对较短且代谢率稍高的值机区、售票大厅、迎客区最高风速上限可提高到 0.8m/s；而短期经过且代谢率较高的走道区的风速上限为 1.0m/s，见表 4.16。

4.4.2 航站楼内各区域夏季和冬季的风速限值参见表 4.16 选取。

表 4.16　航站楼各区域夏、冬季风速建议限值

间或场所	夏季风速（m/s）	冬季风速（m/s）
座椅区、安检区	0.15～0.5	≤0.2
值机厅、售票厅、迎客区	0.25～0.8	≤0.3
行李提取、走道	0.5～1.0	≤0.3

【条文说明】

依据《民用建筑供暖通风与空调设计规范》GB 50736，冬季供热时逗留时间较长的候机室座椅区室内风速限制在 0.2m/s 以内，短期逗留的值机厅、售票厅、迎客区以及走道等区域风速限制在 0.3m/s 以内。由于安检区乘客需要脱外衣接受检查，衣着较为单薄，所以风速依然控制在 0.2m/s 以内。

夏季各区域风速上限规定的说明参见 4.4.1 的条文说明。

4.5　采光和照度

4.5.1 建筑采光标准值不应大于表 4.17 的规定。

表 4.17　航站楼内采光标准值

房间或场所	侧面采光		顶部采光	
	采光系数标准值 C（%）	室内天然光照度（lx）	采光系数标准值 C（%）	室内天然光照度（lx）
座椅区	3.0	450	2.0	300
值机厅、售票厅、安检区	3.0	450	2.0	300
走道、登机廊桥	1.0	150	0.5	75
行李认领、到达厅	2.0	300	1.0	150

【条文说明】

现场实测位于不同光气候区的 3 个大型航站楼的值机厅和到达厅室内白天天然采光和夜间灯光照明的光环境现状。测试结果表明，在现有的窗墙比和天窗设计条件下，航站楼白天室内天然采光效果较好，天然采光照度平均值可达到 450lx，在阳光直射区域可高达 6000lx，远远高于标准要求。因此，本条采光建议值沿用现行《建筑采光设计标准》GB 50033 - 2013 的相关要求。

4.5.2 乘客使用区建筑照明标准值不应大于表 4.18 的规定。

表 4.18　航站楼内照明标准值

房间或场所		参考平面	照度标准值（lx）
候机厅座椅区	普通	地面	120
	高档	地面	150
安检区域		0.75m 水平面	200
走道、登机廊桥		地面	75
行李认领、到达大厅、值机厅		地面	100

【条文说明】

实测某航站楼发现，候机楼座位区的灯源皆从挑高的高大空间顶部投射下来，座位区室内照度水平维持在 20～120lx 之间（图 4.2a），平均值在 63lx，并未达到《建筑设计照明标准》GB 50034 的 200lx 要求。在过道区由于商铺灯箱光源局部可达到 450lx（图 4.2b），但去除商铺光源后平均照度为 70lx。

此外，随着空间高度的增加照度也逐渐降低，值机厅由于高大空间的缘故，平均照度只有 64lx（图 4.2c）。在到达厅两处最高的测点也是商铺的灯箱照明缘故，去除灯箱的照度后平均照度为 60lx（图 4.2d）。

从旅客满意度调研（表 4.19）结果来看，旅客并无抱怨，绝大部分都表示满意（图 4.3）。实际上，旅客对环境的需求会因旅客流程差异有所不同，例如，候机厅旅客等候时间长，有阅读等需求，到达厅为旅客短暂停留区域，其照度标准可以比候机区域适当放低。

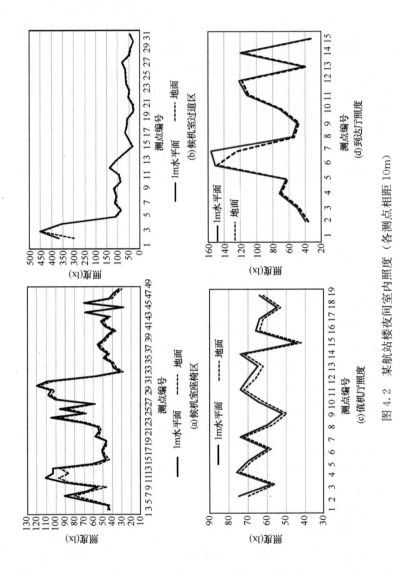

图 4.2 某航站楼夜间室内照度（各测点相距 10m）

表 4.19　航站楼问卷调研问题设置

问题设置
综合考虑明暗程度、视觉舒适度等方面，您对航站楼光环境的总体满意度是？

非常不满意	不满意	较不满意	较满意	满意	非常满意
0	2	4	6	8	10

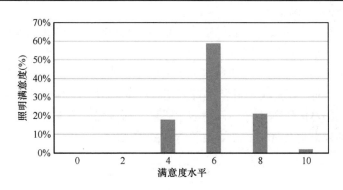

图 4.3　某航站夜间室内照明满意度

通过实际调研发现，所有的航站楼均不能达到《建筑设计照明标准》GB 50034 对交通建筑的照明要求，但乘客基本都感到满意。这说明原照明标准过高，应该进行调整，在满足旅客需求的基础上，进一步降低照明能耗。而且制定可操作可实现的目标，也能够保证各项目的达标率。

因此，根据不同功能区旅客的性质给出照度要求的上限。表 4.18 中的数值均高于现场调查中各功能区的旅客满意照度。

从以上调研结果可以得知，旅客的活动状态与要求照度条件较高的办公室不同，主要是走路、排队等候、取行李、休息等，只有候机区有一定的阅读要求，而且目前乘客阅读的媒介主要是手机和电脑，均不需要达到 200～300lx 的照度水平。因此，对于旅客活动区域，应适当降低照度要求。

4.5.3　员工办公区建筑照明标准值不应大于表 4.20 的规定。

表 4.20　航站楼内照明标准值

房间或场所	参考平面	照度标准值（lx）
售票柜台	台面	200
问讯处	0.75m 水平面	150
海关、护照检查柜台	工作面	200
值机柜台、行李托运	0.75m 水平面	150

【条文说明】

实际调研发现，航站楼售票柜台和值机柜台的台面照度远远低于《建筑设计照明标准》GB 50034 中条款 5.2.10 给出的交通建筑照明标准值，例如售票处台面照度比值机厅略高，但也只有90lx，而问讯处柜台并无局部照明，照度与值机厅相同，但工作人员仍然能正常工作，没有表示不满。所以照度要求应该在原有的基础上适当降低，使之更符合实际需求。

4.6　声　环　境

4.6.1　建筑室内噪声声级和 500～1000Hz 的空场混响时间、语言传输指数应满足表 4.21 的规定。

表 4.21　航站楼室内声环境限值

房间或场所	噪声值（dB）	空场混响时间（s）	语言传输指数（STI）
值机厅、到达厅	≤60	≤5	≥0.45
候机厅	≤60	≤5	≥0.45

注：空场混响时间须通过声学模拟求得。

【条文说明】

目前航站楼建设要求都是防止室外飞机噪声影响室内乘客，然而通过现场调查问卷发现，乘客们认为航站楼内的主要噪声来源是人们的交谈声，其次为空调噪声，其中室外交通噪声的影响为最低。另外有超半数的乘客觉得室内广播听起来费劲，广播清晰度不高，主要是由于室内声源引起的混响噪声干扰所致。目前声环境方面的相关标准为《民用建筑隔声设计规范》GB 50118，在设计规范中并无航站楼建筑的室内背景噪声标准。在商业建筑的分类当中提到，噪声达到80dB时人的听觉系统将会受到影响，人正常说话的声音在70dB左右，当环境噪声超过70dB时，人们为了互相听清，不得不提高音量或缩短谈话距离，因此在商业建筑类别中虽然没有规定标准，但还是建议控制在50～60dB的范围内。

图4.4为语言传输指数STI与汉语传输的关系，STI的评定数值范围为0～1；1代表完美的声音传输，0代表完全不可懂的声音传输。当STI大于0.5时认为语言传输质量较好。

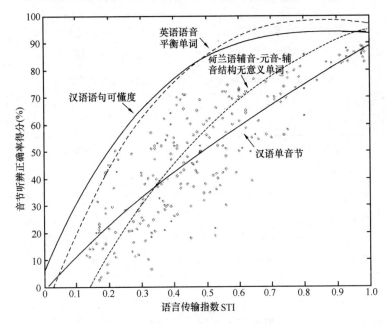

图 4.4　汉语清晰度/可懂度与语言传输指数的关系[9]

通过对典型航站楼室内声环境的空场模拟分析发现，指廊高度越高，语言传输指数越小（图4.5）。但在平均净高不超过8m时，语言传输指数难以达到0.5以上，但可保证达到0.45以上。因此应该尽量控制指廊的高度不超过8m，以保证语言传输系数不受影响。当指廊高度过高时，应增加更多的吸声措施。

表4.22为《体育场馆声学设计及测量标准》JGJ/T 131 -

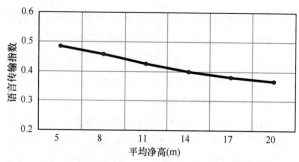

图 4.5 某航站楼指廊高度对语言传输指数 STI 的影响规律

2012 中针对不同容积比赛大厅 500～1000Hz 满场混响时间给出的要求，认为满场时混响时间低于 2.1s 时噪声影响较小。

表 4.22 不同容积比赛大厅 500～1000Hz 满场混响时间

容积（m³）	<40000	40000～80000	80000～150000	>160000
混响时间（s）	1.3～1.4	1.4～1.6	1.6～1.8	1.9～2.1

注：当比赛大厅容积大于表中列出的最大容积的 1 倍以上时，混响时间可比 2.1s
适当延长。

表 4.21 给出的是体育场馆的满场混响时间的要求，但本条款给出的是空场时的混响时间要求，便于设计者在设计阶段就可以通过声学模拟软件求得空场时的混响时间，并便于采取调整空间构型、吸声材料等措施来予以优化。图 4.6 是某航站楼指廊高度对空场混响时间的影响规律。可以发现，当指廊的平均净高大于 8m 后，500～1000Hz 的空场混响时间就会超过 5s。而对更大空间的主楼进行模拟的结果发现，其混响时间往往在 2.5s 左右，这是因为更大的空间会弱化回声的影响，以致混响时间反而不会太长。因此在航站楼设计中，用作候机区的指廊应该是声环境设计关注的重点。

4.6.2 航站楼的平面与空间布局应确保噪声控制要求较严格的区域远离噪声源，各种设备用房的位置应安排在乘客密度小或者乘客活动少的区域。

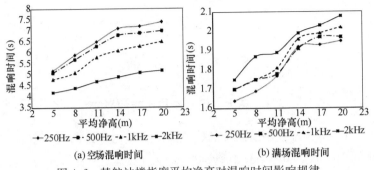

图 4.6　某航站楼指廊平均净高对混响时间影响规律

【条文说明】

噪声源的控制最为重要，因此首先要保证噪声源尽量远离乘客活动区。高规格的 VIP 候机室与乘客睡眠休息区尤其要保证远离设备用房，而且还应做好隔声。

4.6.3 应采取多种措施降低室内空间噪声源的影响，降低混响，确保广播声音清晰。措施包括：

1. 尽量控制指廊高度不超过 8m；

2. 顶棚与内墙面尽量采用吸声降噪处理，在必要的情况下采用空间吸声体进行吸声；

3. 对设备噪声源进行隔声、吸声与隔振处理；

4. 采用《绿色航站楼标准》MH/T 5033－2017 的 9.2.2 与 9.2.3 条款建议的措施。

【条文说明】

4.6.1 的条文说明已经论述了为何应该在航站楼的建筑设计阶段就应该尽量把指廊高度控制在 8m 以下。为了进一步降低混响，提高语言传输指数 STI，还应该尽量在顶棚和内墙面（包括外墙内表面与内墙表面）采用不同类型的降低噪声的措施，包括敷设吸声材料、设置穿孔板或者共振吸声结构。但由于航站楼有大面积的玻璃幕墙与硬铺装地面，因此可以敷设吸声材料和安装吸声结构的面积非常有限。不过，航站楼往往有着高大空间，因此具有设置空间吸声体的条件，所以这也是一个很好的措施选项。

5 冷 热 负 荷

5.1 高大空间对冷热负荷的影响

5.1.1 应合理控制航站楼的建筑高度和室内外区高度，主楼和指廊外区的平均净高宜不超过 8m。

【条文说明】

室内空间平均净高是指屋面顶棚或者结构下沿至最近的主要楼层的平均净高，主要楼层是指具有主要功能（如出发、到达）的楼层不包括局部上夹层。

对航站楼的室内高度进行合理控制的目的是节约建筑材料和降低运行能耗。由于航站楼方案差别较大，结构高度差异悬殊，因此采用室内大空间平均净高进行控制。

在《绿色航站楼标准》MH/T 5033－2017 中通过实际调研我国机场航站楼的大空间净高，给出了不同航站楼面积时建议的空间平均净高高度，见表5.1。

表5.1 航站楼室内大空间平均净高

序号	航站楼面积（万 m²）	主楼室内大空间平均净高（m）	指廊室内大空间平均净高（m）
1	＞40	≤25	≤12
2	5～40	≤20	≤10
3	1～5	≤15	—
4	＜1	≤10	—

通过计算机模拟方法，对航站楼高度对全年冷热负荷的影响进行分析，从而给出合理的建议值。图5.1 和图5.2 是对寒冷地区某航站楼全年冷热负荷的模拟计算结果。可以看到，航站楼的全年累计冷热负荷和最大冷热负荷均随着室内空间高度的增加呈现增加的趋势。

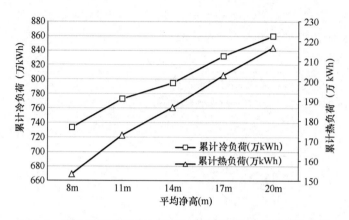

图 5.1 寒冷气候区某航站楼指廊全年累计冷热负荷变化曲线

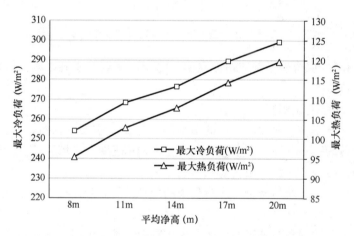

图 5.2 寒冷气候区某航站楼指廊最大冷热负荷变化曲线

从模拟结果看,高度变化对于外区的影响非常明显。从图 5.3 可见,该航站楼 8m 层高指廊外区的空调季最大冷负荷为 150.6W/m²,高度每增加 1m,此数值增加 7.5%;指廊外区的采暖季最大热负荷为 88.7W/m²,高度每增加 1m,此数值增加 6.6%。

通过对该航站楼模型在不同气候区的模拟结果均得出相同的

趋势，因此在不影响视觉美观的条件下，尽量控制航站楼外区的层高，使得平均净高不超过 8m。

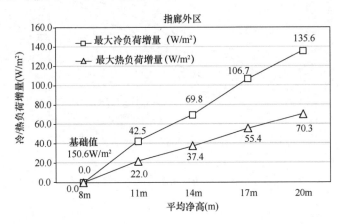

图 5.3　某航站楼指廊外区最大冷热负荷随高度变化曲线

5.1.2　应合理控制航站楼立面的遮阳，重点关注航站楼外区的冷热负荷。

【条文说明】

航站楼进深大，内部的负荷较为稳定，主要受人员、灯光、设备的影响，而外区空间（距外立面 6m 范围内区域）还要受到围护结构传热、太阳辐射的影响。

根据某航站楼全年冷热负荷的模拟计算，航站楼的内区最大冷热负荷和外区最大冷热负荷相差较大（见图 5.4），其中的差距主要体现在与外区的传热和太阳辐射。相对而言，航站楼的玻璃幕墙 K 值较小，传热部分的冷热负荷远低于太阳辐射引起的冷热负荷，故应对航站楼的立面的遮阳进行合理控制，建议外立面的综合太阳得热系数 $SHGC$ 值至少满足《公共建筑节能设计标准》中规定的限值要求。

5.1.3　空调区域高度应重点控制在 2m 以下，以降低空调能耗。

【条文说明】

从对航站楼的调研来看，大空间空调末端多采用全空气系

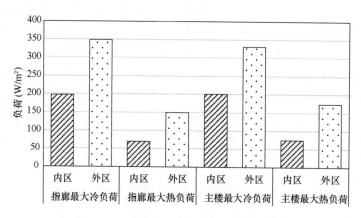

图5.4　某航站楼内外区最大冷热负荷对比图

统，呈现从"全空间空调"过渡为"半空间的分层空调"的趋势，见图5.5。

从大量的模拟结果看，航站楼的高大空间均呈现较明显的温度梯度现象，适当地控制空调区域高度，可以有效地降低空调能耗。

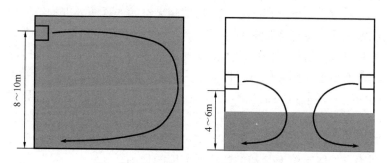

图5.5　全空间空调与半空间空调示意

采用全空间空调的机场有首都机场T2、原深圳宝安T2等，主要有以下弊端：（1）冬季存在"热风不下来"的问题，舒适性低；（2）以空气为介质输送冷量，输配能耗高；（3）要求的冷水温度低，限制了冷源的利用效率。

分层空调的采用可以减少非人员活动区域的冷热量消耗，有利于降低空调系统能耗。从采用分层空调的航站楼调研来看（首都国际机场 T3、浦东国际机场 T1、T2、虹桥国际机场西航站楼、白云机场、深圳宝安国际机场 T3），末端风口形式多样，喷口为主，风口高度 3.5～7m 不等，多为 4m。在航站楼设计中应根据实际情况，鼓励采用多风口形式结合的方式，重点保证人员活动区（2m 以下）的舒适性。

5.2 太阳辐射对冷热负荷的影响

5.2.1 建筑的总体规划和总平面设计应避免夏季东西向日晒，有利于冬季日照。

【条文说明】

航站楼建筑的朝向、方位以及建筑总平面设计应综合考虑社会历史文化、地形、城市规划、道路、环境等多方面因素，权衡分析各个因素之间的得失轻重，优化建筑的规划设计。

从室内环境方面来看，航站楼高大空间的透明外围护结构面积占比大，室外太阳辐射对室内环境的影响较一般建筑更为显著。夏季直射进入室内的太阳辐射量过多将大幅增加空调供冷能耗，而冬季太阳辐射可以作为室内热量的补充。因此，建筑的主朝向宜选择本地区最佳朝向或适宜朝向，且宜避开冬季主导风向。在冬季最大限度地利用日照，多获得热量，避开主导风向，减少建筑物外表面热损失；夏季和过渡季最大限度地减少得热并利用自然能来降温冷却，以达到节能的目的。

5.2.2 应合理控制航站楼的立面窗墙比和屋顶天窗面积比例，并进行合理布置。

【条文说明】

窗墙面积比的确定要综合考虑多方面的因素，其中最主要的是不同地区冬季、夏季日照情况（日照时间长短、太阳总辐射强度、阳光入射角人小）、季风影响、室外空气温度、室内采光设计标准以及外窗开窗面积与建筑能耗等因素。

对于航站楼高大空间而言，夏季直射进入室内的太阳辐射量过多将大幅增加空调供冷能耗；而航站楼进深大，内区空间（距离外墙6m以上）需要更多的天然采光。因而，航站楼立面和屋顶设计中应遵循被动节能措施优先的原则，充分利用天然采光，在此基础上严格控制其立面的窗墙比和屋顶天窗面积比例，以减少夏季太阳辐射进入室内。

根据国内多个航站楼高大空间室内照度以及太阳辐射热流密度的测试结果，点状的侧窗和天窗分布相比集中式侧窗和天窗分布，在满足室内采光需求的同时，进入室内的太阳辐射量较少，适宜作为航站楼高大空间侧窗和天窗的布置形式。

在理想的天窗布置情况下，屋顶透光部分面积占4％时即可满足室内天然采光的需求。考虑到实际建筑中，室内隔断、装饰物、指示牌等较多，屋顶透光部分面积不应大于屋顶总面积的20％，各单一立面窗墙面积比（包括透光幕墙）均不宜大于0.70；当不能满足时须通过冷热负荷模拟计算进行权衡判断。

5.2.3 夏热冬冷、夏热冬暖、温和地区的建筑各朝向外窗（包括透光幕墙）均应采取遮阳措施；寒冷地区的建筑宜采取遮阳措施。当设置外遮阳时应符合下列规定：

1. 东西向宜设置活动外遮阳，南向宜设置水平外遮阳；
2. 建筑外遮阳装置应兼顾通风及冬季日照。

【条文说明】

对于夏热冬冷、夏热冬暖、温和地区等航站楼建筑，通过外窗透光部分进入室内的热量是造成夏季室温过热使空调能耗上升的主要原因，因此，为了节约能源，应对窗口和透光幕墙采取遮阳措施。

遮阳设计应根据负荷特性确定，一般而言，外遮阳效果比较好，有条件的建筑应提倡设置活动外遮阳。遮阳装置可以设置成永久性/临时性和固定式/活动式多种形式。东西向宜设置活动外遮阳，可根据一年中季节的变化、一天中时间的变化和天空的阴暗情况，调节遮阳板的角度，满足冬季日照、夏季遮阳需求。南向宜设置水平外遮阳，随冬夏太阳高度角不同，满足不同需求。对于航站楼而言，当遮阳装置的设置受限时，遮阳措施也可以采用各种热反射玻璃和镀膜玻璃、阳光控制膜、低发射率膜玻璃等。

在严寒地区，阳光充分进入室内，有利于降低冬季供暖能耗。这一地区供暖能耗在全年建筑总能耗中占主导地位，如果遮阳设施阻挡了冬季阳光进入室内，对自然能源的利用和节能是不利的。因此，遮阳措施一般不适用于严寒地区。

5.2.4 对于太阳直射区域（如外窗附近、集中型天窗下方），夏季冷负荷宜进行单独核算，根据负荷设计适宜的末端。

【条文说明】

航站楼高大空间中太阳直射区域（如外窗附近、集中型天窗下方），夏季太阳辐射热量可达到 $100W/m^2$ 以上，对该区域热环境的影响显著，引起的冷负荷增幅巨大，因此，有必要进行单独核算。核算过程宜根据夏季典型日的太阳辐射强度、阳光入射角度和照射持续时间计算。

根据室内太阳辐射分布得到太阳直射区域的热源情况后，结合航站楼各空间整体空调形式，确定该区域的末端形式。目前，典型的末端形式包括全空气喷口送风方式和辐射地板供冷方式，由于热量传递过程不同，这两种方式在处理高密度太阳辐射时的冷负荷已有区别。采用全空气空调方式时，太阳辐射引起的冷负荷系数参见《空气调节设计手册》《空调技术——空调冷负荷计算专刊》等文献。采用辐射地板供冷时，太阳辐射引起的冷负荷系数如表 5.2 所示。

表 5.2 采用辐射地板时太阳辐射引起的冷负荷系数

	混凝土型辐射地板			轻薄型辐射地板		
	10min	30min	1h	10min	30min	1h
0	0.52	0.48	0.43	0.87	0.90	0.82
1	0.18	0.20	0.20	0.05	0.06	0.14
2	0.12	0.13	0.15	0.02	0.02	0.02
3	0.07	0.08	0.09	0.02	0.01	0.01
4	0.04	0.05	0.05	0.01	0.01	0.00
5	0.03	0.03	0.03	0.01	0.00	0.00
6	0.02	0.02	0.02	0.01	0.00	0.00
7	0.01	0.01	0.01	0.00	0.00	0.00
8	0.01	0.01	0.01	0.00	0.00	0.00
9	0.00	0.00	0.00	0.00	0.00	0.00
10	0.00	0.00	0.00	0.00	0.00	0.00
11	0.00	0.00	0.00	0.00	0.00	0.00
12	0.00	0.00	0.00	0.00	0.00	0.00
13	0.00	0.00	0.00	0.00	0.00	0.00
14	0.00	0.00	0.00	0.00	0.00	0.00
15	0.00	0.00	0.00	0.00	0.00	0.00
16	0.00	0.00	0.00	0.00	0.00	0.00
17	0.00	0.00	0.00	0.00	0.00	0.00
18	0.00	0.00	0.00	0.00	0.00	0.00
19	0.00	0.00	0.00	0.00	0.00	0.00
20	0.00	0.00	0.00	0.00	0.00	0.00
21	0.00	0.00	0.00	0.00	0.00	0.00
22	0.00	0.00	0.00	0.00	0.00	0.00
23	0.00	0.00	0.00	0.00	0.00	0.00

5.3 冷热负荷模拟计算要点

5.3.1 建筑供暖空调负荷计算应采用统一的气象设计参数。

【条文说明】

建筑供暖空调负荷计算应采用统一的气象参数,消除由于气象参数取值不同而带来的计算结果差异,因此,模拟计算中应使用行业普遍认可的气象数据集。宜采用现行行业标准《建筑节能气象参数标准》JGJ/T 346 或中国气象局气象信息中心与清华大学建筑学院共同发布的《中国建筑热环境分析专用气象数据集》。当两个数据集不足以满足项目气象参数时,应就近选择附近地点气象参数。

5.3.2 建筑供暖空调负荷计算软件应满足下列要求:

1. 应能计算全年 8760h 逐时负荷;

2. 应能反映建筑外围护结构热惰性的影响;

3. 应能计算不小于 10 个建筑分区;

4. 应能分别设置工作日和节假日的室内人员数量、照明功率、设备功率、室内设定温度和新风量、送风温度等参数;且应能设置逐时室内人员在室率、照明开关时间表、电气设备逐时使用率、供暖通风和空调系统运行时间等。

【条文说明】

为保证计算精度,本条文对建筑节能计算软件提出基本的要求。

5.3.3 建筑供暖空调负荷计算时,建筑模型宜进行简化。

【条文说明】

建模时在保证计算精度的前提下,对计算区域进行合理简化,可以有效缩短计算时间。简化符合下列规定:按照建筑朝向、房间使用功能、系统进行合并简化,建筑房间进深大于 6m 时宜划分内外区。

5.3.4 高大空间应进行温度分区。

【条文说明】

航站楼的出发层普遍为高大空间，通过调研，我国航站楼主要室内空间高度为：主楼区域室内空间高度多在 12.8～26m，室内空间平均高度 18m；指廊区域室内空间高度多在 8～14m，室内空间平均高度 11m。故对层高大于 8m 的高大空间应合理区分竖向温度分区，且应保证高大空间顶端竖向至少有 1 个温度分区。

5.3.5 室内环境设计参数应合理。

【条文说明】

室内设计参数的选取合理性，直接关乎航站楼空调系统的设计。房间设定的温湿度、风速、新风量应参考 4.2、4.4、4.3 节来选取。照明功率密度值、房间人均占有的使用面积、电器设备功率密度等应根据相关标准或者设计院提供的室内设计参数进行模拟分析。当未有数据参考时，可参考同类型同规模的机场航站楼的实际运行调研数据。

5.3.6 模拟计算的作息设置应合理。

【条文说明】

在进行模拟计算时，应优先采用航站楼实际运行作息。当没有可查阅的数据时，可参考表 5.3 的作息设定。

表 5.3　机场航站楼空调季与采暖季作息时间调研结果

机场所在区域	严寒地区	寒冷地区	夏热冬冷地区	夏热冬暖地区	温和地区
空调季	6.20～8.31	5.10～9.30	4.15～9.30	全年	6.10～9.30
采暖季	10.20～4.20	11.10～3.31	11.15～2.28	不采暖	12.10～1.31
空调每日开启时间	6～22	6～22	6～22	6～22	6～22
采暖每日开启时间	0～23	0～23	0～23	—	0～23

人员灯光设备作息如图 5.6 所示，缺乏天然采光的公共区则在工作期间灯光均 100% 开启。

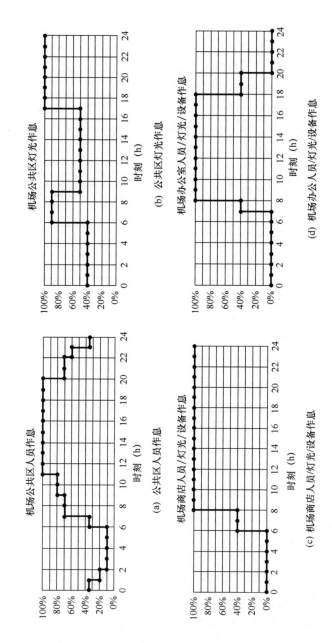

图 5.6 人员灯光作息

机场公共区人员作息

(a) 公共区人员作息

机场公共区灯光作息

(b) 公共区灯光作息

机场商店人员/灯光/设备作息

(c) 机场商店人员/灯光/设备作息

机场办公室人员/灯光/设备作息

(d) 机场办公人员/灯光/设备作息

时刻 (h)

5.3.7 模拟计算应考虑建筑自遮挡

【条文说明】

机场航站楼均处于开阔场地中，无其他建筑对其造成遮挡。而航站楼立面普遍存在一定角度，建筑外部设有外挑遮阳，故在模拟计算中，应考虑遮阳构件和航站楼自身的遮挡。

5.3.8 建筑供暖空调负荷计算结果应可以导出进行后处理

【条文说明】

模拟后的结果应能直接导出相应的报告，如气象参数、建筑全年累计冷热负荷、最大冷热负荷、某个系统或某个房间的负荷等，便于设计者进一步后期处理。

6 建 筑 设 计

6.1 建 筑 形 体

6.1.1 航站楼体型应尽量规整简洁，严寒与寒冷地区的航站楼体形系数应控制在 0.2 以下。

【条文说明】

《公共建筑节能设计标准》GB 50189－2015 对严寒和寒冷地区公共建筑的体型系数的规定是：单栋建筑面积不大于 800m² 的情况下，体形系数不超过 0.5；单栋建筑面积大于 800m² 的情况下，体形系数不超过 0.4。但航站楼是单栋建筑面积往往达到数万平方米的超大型公共建筑，尤其是具有大内区、高空间的特点。因此，只要不刻意为追求视觉效果而做更多的凹凸变化的话，其体形系数往往小于同等规模的其他公共建筑，完全可以满足更为严格的要求，达到 0.2 以下。该建议值与《绿色航站楼标准》MH/T 5033－2017[10] 中的规定是一致的。

6.1.2 航站楼室内面积应与机场年吞吐量成比例，不宜过大导致空间上的浪费。[1]

【条文说明】

本条指明航站楼在规划上应与机场规划成比例，如果机场远程规划逐渐增加则航站楼再逐一扩大即可。航站楼的设计应符合《绿色航站楼标准》MH/T 5033－2017 的规定。避免由于规模过大导致建筑材料消耗、室内空调和室内照明等能源消耗过大而不符合绿色航站楼标准的规定。

6.1.3 航站楼室内单层平均净高不宜过大，指廊的平均净高大于 8m 以上时必须考虑声学设计以保证室内声学质量。

【条文说明】

从 4.6.1 的条文说明中可见，航站楼指廊平均净高大于 8m

则室内混响时间将超过 5s，语言清晰度 STI 也会低于 0.45。因此本条指明若航站楼乘客使用区域空间高度高于 8m 时必须采取措施改善室内混响及语言清晰度以保障室内声环境质量。

6.2 墙体与屋面（保温隔热）

6.2.1 墙体与屋面应具备良好的保温、隔热等性能，为航站楼提供舒适、节能的室内环境。

【条文说明】

航站楼外围护结构主要由屋面和幕墙系统组成。由于航站楼屋面面积和透明围护结构面积往往较大，因此屋面的热工性能改善和透明围护结构的隔热性能应该作为设计的重点。此外，航站楼建筑室内热源多，因室内热扰产生的冷负荷占比较大，在进行航站楼围护结构节能设计时，建议根据国家现行《公共建筑节能设计标准》GB 50189 的规定进行围护结构性能优化的权衡判断。

6.2.2 屋面及外墙鼓励采用新工法、新材料，以达到节能和改善室内环境的目的。

【条文说明】

节能建筑材料的应用是建筑节能的重要途径。在建筑中采用新型材料，不仅可以提高建筑物的隔热、保温效果，还可以改善室内环境品质。在设计中应鼓励多采用新工法、新材料。

例如，美国科罗拉多大学和怀俄明大学研发的 radi-cool film（辐射降温膜），太阳辐射吸收率仅为 0.04，但长波发射率却高达 0.93。结合实验数据和计算机模拟，若在夏热冬冷地区的大屋面建筑采用此种膜材料，建筑累计冷负荷可大幅下降，且室内外表面温度也可大幅降低。表 6.1 是这种辐射降温膜与其他常用建材的物性对比。

图 6.1 是采用 DeST 模拟寒冷地区某航站楼出发大厅在不同屋顶材料条件下的累计冷负荷。气象参数采用的是代表年气象参数，室内空气温度控制在 26℃。图 6.2 和 6.3 模拟求得的屋顶

内外表面的温度。从这些模拟结果可以看到采用贴了辐射降温膜的屋面可以有效降低夏季冷负荷，室内外表面温度都显著低于其他屋面材料。

表 6.1　辐射降温膜与常见材料的太阳吸收率和长波发射率对比

	太阳吸收率	长波发射率
砖混材料	0.55	0.85
混凝土	0.9	0.7
铝	0.3	0.04
白色表面	0.12	0.92
辐射降温膜	0.04	0.93

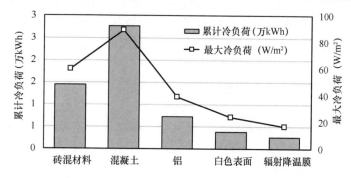

图 6.1　不同材料下建筑的负荷对比图

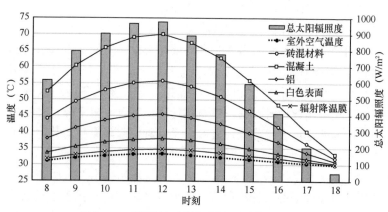

图 6.2　不同材料下建筑的外表面温度对比图

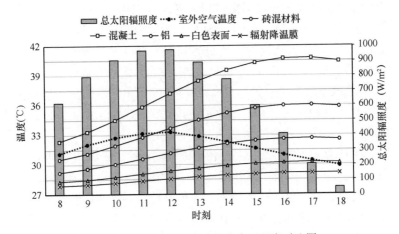

图 6.3　不同材料下建筑的内表面温度对比图

6.3　幕墙与天窗（采光、遮阳及热工性能）

6.3.1　幕墙和天窗的选材应兼顾采光、遮阳、热工等性能需求。

【条文说明】

航站楼外区的采光主要依靠立面幕墙，而内区多通过天窗解决采光问题。通过模拟分析发现，当玻璃幕墙的可见光透过率在 0.4 以上时，指廊区域一般可以通过立面幕墙满足采光要求，

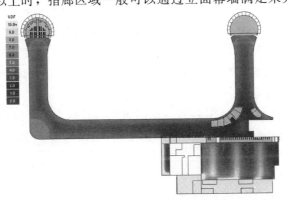

图 6.4　某机场室内采光分析图

而主楼区域则需要通过天窗进行采光。

从实际调研来看，机场航站楼均为大面积幕墙结构，窗墙比很难低于 0.5，且天窗面积比也达到近 0.1～0.2，故在解决采光问题的基础上，对幕墙和天窗的遮阳和热工性能应重点考虑。

《公共建筑节能设计标准》GB 50189 给出了不同热工气候区幕墙和天窗的热工性能、SHGC 的限值，航站楼的幕墙和天窗的热工性能应在此限值的基础上进行优化。

据计算机模拟结果，在相应的幕墙热工参数限值下，当 SHGC 值降低 5% 时，累计冷负荷、最大冷负荷均有所下降，累计热负荷、最大热负荷有所增加，但是此种浮动都比较微小。故在窗墙比较大的情况下，宜在造价合理的范围内适当降低 SHGC 值。

6.4 防 渗 风

6.4.1 严寒地区建筑的所有外门均应设置门斗；寒冷地区建筑面向冬季主导风向的外门应设置门斗或双层外门，其他外门也应采取减少冷风渗透的措施。

【条文说明】

航站楼值机厅、到达厅等外门开启频繁。在严寒和寒冷地区的冬季，外门的频繁开启造成室外冷空气大量进入室内，导致供暖能耗增加。设置门斗或者双层门可以避免冷风直接进入室内，在节能的同时，也提高门厅的热舒适性。除了严寒和寒冷地区之外，其他气候区如果也存在类似的现象时，也应该采取各种可行的防渗风措施。

6.4.2 为减少热压引起的冬季渗风量，宜减少高大空间上下层之间连通处；上下层连通时，下层空间的渗风量应考虑连通空间热压的影响。

【条文说明】

根据国内多个航站楼的测试，外门开启频繁的高大空间（如值机厅、到达厅）冬季渗风对室内热环境的影响显著，在热负荷中占较大比例。尤其是当上下层高大空间连通时，例如到达厅位于一层、值机厅位于二层，两层之间的楼梯道宽敞且连通上下空间，两层总高达到 30m 以上，在室内外温差影响下热压作用显著，一层外门处的室外空气受负压作用大量灌入室内。

对于非上下连通空间或连通空间的上层，通过外门开启进入室内的空气量 G（kg/h），可按下式估算：

$$G = nV\rho$$

式中　　n——人流量，人/h；

　　　　V——外门开启一次的渗入空气量，m^3，见表 6.2；

　　　　ρ——夏季空调室外干球温度下的空气密度，kg/m^3。

表 6.2　外门开启一次的空气渗透量

每小时进、出人数	普通门		带门斗的门		转门	
	单扇	一扇以上	单扇	一扇以上	单扇	一扇以上
<100	3.0	4.75	2.5	3.5	0.8	1.0
100~700	3.0	4.75	2.5	3.5	0.7	0.9
701~1400	3.0	4.75	2.25	3.5	0.5	0.6
1401~2100	2.75	4.0	2.25	3.25	0.3	0.3

例：某机场到达大厅通常开启 6 扇带门斗的大门，人流量为 3000 人/h，通过外门开启进入室内的空气量为 12600kg/h。

而对于连通空间的上层，如一层的到达厅与二层的值机厅之间连通，则一层到达厅外门开启进入室内的空气量将大幅增加，约为上层空间渗风量的 3~5 倍。

渗入空气显热形成的冷负荷 Q（W），可按下式计算：

$$Q = 0.28G(t_n - t_w)$$

式中　　G——单位时间渗入室内的空气量，kg/h；

　　　　t_n——室内温度，℃；

　　　　t_w——室外温度，℃。

6.4.3　为减少行李提取区的行李传送带开口处的冬季渗风量，在严寒和寒冷地区宜在行李传送带开口处设置自动开启传送门。

【条文说明】

行李提取区多处于底层，冬季热压作用导致大量室外冷风从行李传送带通往外界的开口处渗入室内。设置自动开启传送门，在行李传送带不工作时自动关闭，只有在行李传送带开始工作时打开，可以有效降低冬季室外渗风量。

图 6.5　行李传送带的自动开启传送门

6.5　自然通风

6.5.1　航站楼有条件时应实现自然通风

【条文说明】

有效实现自然通风可有效降低空调负荷，可部分取代空调制冷系统，有效降低室内能耗。

由于各地气候条件不同，机场的要求也有不同，能否实现航站楼的自然通风以及实现的方法会有所差异，因此应通过深入分析确定可否采用自然通风设计。航站楼的自然通风设计应充分利用热压通风。热压通风是利用建筑内部空气的热压差形成的室内外自然对流。进出风口之间的垂直距离以及室内外空气的温差越大，通风量就越大，热压通风效果就越明显。由于航站楼层高较大，因此具有利用热压通风的优势。

6.5.2 对建筑平面布局进行合理的划分处理，尽量保证有实现自然通风的条件

【条文说明】

对平面布局进行有效设计，尽量把人员长时间停留的重要区域布置在外区，为实现自然通风创造良好条件。

7 通风空调系统设计

7.1 系 统 分 区

7.1.1 根据使用时间与室内热环境要求，进行空调系统合理分区。

【条文说明】

把使用时间不同的空气调节区划分在同一个空调系统中，不仅给运行与调节造成困难，同时也会增大能耗，为此应根据使用要求来划分空调风系统。例如，由于航班数量的变化，航站楼中一些候机区域在午间或夜间无值机服务时停用，建议将启/停使用时间不同的候机区进行空调分区，以便于根据值机服务需要启停空调系统，减少空调能耗。

7.1.2 根据空调负荷特征，对不同大小的空间和内/外区等分别设置空调系统。

【条文说明】

航站楼中值机厅、候机厅和到达厅等属于典型的高大空间，且出于视野和采光需求，其围护结构采用较多透明材料构造（如玻璃幕墙、采光天窗等），因而容易导致室内太阳辐射得热较多、围护结构壁面温度较高，故此，与一般小空间建筑的热源特征不同，如表 7.1 所示。此外，建筑外区和内区的负荷特性也存在较大差异。外区由于与室外空气相邻，围护结构的负荷随季节改变有较大的变化；内区则由于无外围护结构，室内环境几乎不受室外环境的影响，且由于灯光、人员、传输设备等产热影响，常年需要供冷。由于负荷特性不同，宜分别设计和配置空调系统，不仅方便运行管理，易于获得最佳的空调效果，而且可以避免冷热抵消，降低能源消耗，减少运行费用。

表 7.1 航站楼高大空间主要热源特征

热源	温度水平	热流量（以某机场航站楼为例）
高温壁面	30～45℃	20～40W/m² （与室内换热过程相关）
渗风	35℃左右	10～30W/m² （与室内气流组织相关）
太阳辐射（直射）	（地板表面）26～30℃	局部 100W/m² 以上，平均 10～30W/m²
室内产热	30～50℃	照明、设备：10～30W/m²； 人员：10～20W/m²

对于航站楼而言，内、外区的划分标准与许多因素有关，其中房间分隔是一个重要的因素，设计中需要灵活处理。例如，如果在进深方向有明确的分隔，则分隔处一般为内、外区的分界线；房间开窗的大小、房间朝向等因素也对划分有一定影响。在设计没有明确分隔的大空间时，根据受太阳辐射和外围护结构壁面温度的影响，通常可将距外围护结构 3～5m 的范围内划为外区，其余部分为内区。

7.1.3 太阳辐射得热多、围护结构壁面温度高的区域，宜采用温湿度独立控制系统，其温度控制部分通过输送温度高于常规空调系统的冷媒（如 16～18℃的冷水）来处理显热负荷，可大幅提高冷源效率。

【条文说明】

航站楼中值机厅、候机厅等高大空间以及连廊等外区，围护结构采用透明材料（如玻璃幕墙、采光天窗等）较多时，进入室内的太阳辐射得热较多、围护结构壁面温度较高，因而室内显热负荷在冷负荷中的占比较高。基于温湿度独立控制（THIC）理念，温度控制系统通过输送温度高于常规空调系统的冷媒（如 16～18℃的冷水）来处理显热负荷，可大幅提高冷源效率；湿度控制则由湿度控制系统通过向室内输送干燥空气来排出湿负荷实现。

在值机厅、候机厅等高大空间，室内人员一般只在近地面处

（<2m）活动，可以应用局部、分层控制的手段来实现热湿环境的有效调控，并大幅降低空调能耗。例如，利用辐射地板（供水温度 14～18℃，地板表面温度 20～22℃）排除照射到其表面的太阳辐射热以及高温壁面的长波辐射换热；室内湿度调节范围尽量缩小至人员活动区域，可由采用置换通风或其他下送风方式将处理后的新风送入各人员聚集区域，在满足湿度控制的基础上处理较小的系统湿负荷（高大空间上部区域保留高湿状态）。若地板上安置的物体太多，没有足够的有效辐射面积，以及局部设备密集、发热量高的区域，还可以在局部区域以落地安装的方式设置干式风机盘管。干式风机盘管供水温度为 18～20℃（高于周围空气露点温度，工作在干工况），只作为降温设备，不承担除湿功能，也不必设置凝水排水管。

7.1.4 机电设备用房、餐饮热加工间等发热量较大的房间的通风设计应满足下列要求：

1. 在保证设备正常工作的前提下，宜采用通风消除室内余热；

2. 餐饮热加工间宜采用补风式油烟排气罩。

【条文说明】

机电设备用房发热量较大，人员停留时间较少，采用通风消除室内余热，可以减少空调供暖能耗。其夏季室内计算温度取值不宜低于夏季通风室外计算温度，但不包括设备需要较低的环境温度才能正常工作的情况。

餐饮热加工间的产热量大，夏季仅靠机械通风不能保证人员对环境的温度要求，一般需要设置空气处理机组对空气进行降温。由于排除厨房油烟所需风量很大，需要采用大风量的不设热回收装置的直流式送风系统。夏季室内计算温度取值不宜低于夏季通风室外计算温度，以利于节能。

7.2 末端与气流组织

7.2.1 当利用通风可以排除室内的余热和余湿时，宜采用自然通风、机械通风或复合通风的通风方式。

【条文说明】

当采用通风可以满足消除余热余湿要求时，应优先使用通风措施，可以大大降低空气处理的能耗。自然通风主要通过合理适度地改变建筑形式，利用热压和风压作用形成有组织气流，满足室内通风要求，减少能耗。复合通风系统与传统通风系统相比，最主要的区别在于通过智能化的控制与管理，在满足室内空气品质和热舒适的前提下，使一天的不同时刻或一年的不同季节交替或联合运行自然通风或机械通风系统以实现节能。

在航站楼中采用自然通风和复合通风设计时，需要考虑是否满足消防、屋顶防漏等因素。在现有多个航站楼中，已设计屋顶天窗的顶排风，但由于与消防通风口同用或雨天漏水问题，实际中并未使用。因此，在设计中应充分考虑实际情况，设计实用的自然通风和负荷通风风口。

7.2.2 建筑空间高度大于等于 10m 且体积大于 10000m² 时，宜采用辐射供暖供冷或分层空气调节系统。

【条文说明】

1. 作为重要的交通枢纽与城市名片，航站楼建筑在建筑设计和服务特征方面与普通公共建筑相比，通常存在较为显著的特点：

   1）建筑高大：多采用大跨度结构形式，外围护结构面积大；

   2）透明围护结构比例大：采用较多的透明围护结构材料，如玻璃幕墙、透光薄膜等，以提高室内天然采光效果，也为乘客提供舒适的视野；

   3）乘客客流量大、密度高：大中型航站楼的平均日客流量约为 5 万～10 万人次，在节假日等高峰时期，乘客人数较平时激增，甚至超过 20 万人次。大量乘客需要在航站楼中进行值机、候机、到达等活动，如值机厅内乘客密度往往超过 0.67 人/m²，远远超过普通办公室 0.125 人/m² 的人员密度；

   4）全年运行时间长、室内舒适性要求较高：由于运营的特点，航站楼一般从早晨 6 点连续运行至夜间 12 点，仅在夜间（约午夜 12 点后到早晨 6 点前）有短时间停止运营时段。所有航站楼全年 365 天均需运营，且周末、节假日、春暑运往往是客运的高峰。作为各地重要的交通枢纽和标志性建筑，航站楼内对室内舒适环境的要求较高。除了热湿环境要求以外，还应保证人员新风量需求等。

由于航站楼的乘客客流量大、密度高，且运营时间长、室内舒适性要求高等因素，为乘客提供舒适的室内环境需要较多的空调能耗，在航站楼总运行能耗中占的比例较大。例如上海浦东国际机场 T1 和 T2 航站楼年耗电量 1 亿 kWh，空调能耗约占 60%。如何通过空调系统形式的创新，在满足人员舒适度的前提下，大幅度降低高大空间的空调能耗，对于提高航站楼的服务水平至关重要。

2. 从航站楼的建筑特点和服务需求来看，其室内环境有如下特点：

1）地板表面太阳辐射强。由于建筑体量大、外围护结构采用较多透明材料，夏季透过透明材料照射到地板表面的太阳辐射量较大。太阳辐射照射到地板表面，会使得地板表面温度升高，近地面人员受到的辐射温度提高，易引起不舒适感；

2）围护结构内表面温度高。在室外太阳辐射和高温气候的影响下，外墙内表面温度达到 30℃，顶棚温度达到 35℃，而透明围护结构的内表面温度可以达到 35℃以上。在如此高的壁面温度影响下，如果仅靠空气降温，室内空气温度通常需要降到 20～22℃，才能实现与普通办公建筑内 26℃时相近的热舒适感觉；

3）仅部分空间有空调需求。航站楼内高大空间区域较多，但高大空间内人员活动区域一般只是在距离地面 2m 以内的范围。因此，从节约空调耗冷/热量的角度出发，在实现人员活动区域（距离地面 2m 以内）热舒适要求的前提下，应减少高大空间上部区域（距地面 2m 以上）的空调供冷/热量。这种部分空间的分层空调方式能从源头上减少空调负荷,降低空调能耗。

3. 在航站楼高大空间区域采用辐射供暖供冷方式,可实现:

1)高效采集室内太阳辐射以及高温壁面长波辐射热量;

2)部分空间空调,即在人员活动区域内提高热舒适性,同时减少高大空间上部区域的冷/热量消耗;

3)减少冷/热量输送能耗,降低对冷热源温度品位的要求,有利于提高冷热源设备效率。因而,辐射供暖供冷系统是高大空间比较适宜的空调方式。

除此之外,也可通过合理的气流组织优化,仅对人员活动区进行空调,而对上部空间不做空调要求,实现分层空调。相比于全空间空调方式,分层空调夏季可节省冷量约30%,降低空调能耗。并且由于减小了设备容量,还能降低设备的初投资。

7.2.3 高大空间分层空调的设计应根据夏季和冬季室内热环境的需求对送风高度、射程和送风温度进行综合优化;在风口布置条件允许的情况下,送风口高度宜降至3~4m,冬季送风温度宜降至35~40℃。

【条文说明】

进行航站楼高大空间分层空调设计时,夏季应尽量降低室内空气温湿度分层控制高度;冬季由于热空气上浮,主要矛盾转化为确保人员活动区域的热舒适需求。

我国2000年后建设的机场航站楼,如北京首都国际机场T3航站楼、上海浦东国际机场、广州白云国际机场和深圳宝安国际机场T3航站楼等,高大空间大多采用了分层空调,喷口的位置距地面4~7m。根据不同气候区多个航站楼的值机厅、候机厅和到达厅的现场实测结果,送风口所在位置基本为夏季室内温湿度的分层面,分层面以下的空间为空调区,分层面以上的空间为非空调区。因而,分层高度与送风口高度直接相关,进一步降低送风口高度有利于减少空调区域的高度。

冬季的测试数据表明,距地面4~7m的风口送风较难直接送达人员活动区,加之送风温度普遍在45~55℃范围内,热空气上浮现象十分明显。表现在人员活动区温度普遍偏低，某些航站楼仅能达到 12～14℃，风口以上空间温度则可达到 20～26℃。当降低风口高度（如高度降到 3m）和降低送风温度（如降到 35℃）时，则有利于将热风送达近地面，并可缓解高温送风（40℃以上）时热空气上升的弊端，人员活动区空气温度和均匀程度显著提高，人员热舒适性得到显著改善。

7.2.4 地面辐射供暖供冷面层材料的热阻不宜大于 $0.05(m^2 \cdot K)/W$。

【条文说明】

辐射地板面层热阻的大小，直接影响到地面的散热量。实测证明，在相同的供暖条件和地板构造的情况下，以热阻为 0.02 $(m^2 \cdot K)/W$ 左右的花岗岩、大理石、陶瓷砖等做面层的地面散热量，比以热阻为 0.10 $(m^2 \cdot K)/W$ 左右的木地板为面层时要高 $30\%～60\%$，比以热阻为 0.15 $(m^2 \cdot K)/W$ 左右的地毯为面层时高 $60\%～90\%$。由此可见，面层材料对地面散热量的影响显著。为了降低能耗和运行费用，采用地面辐射供暖供冷方式时，要尽量选用热阻小于 0.05 $(m^2 \cdot K)/W$ 的材料做面层。

7.2.5 公共区域应根据室内 CO_2 浓度检测值进行新风需求控制，排风量也宜适应新风量的变化以保持房间的正压。

【条文说明】

航站楼的值机厅、候机厅、到达厅以及乘客安检等公共区域，人员密度较大且波动较大。如值机大厅内乘客设计密度往往超过 0.67 人$/m^2$，远远超过普通办公室 0.125 人$/m^2$ 的人员密度；安检区域高峰时期的人员密度甚至可达 5 人$/m^2$。此外，室内人员的密度会随着客流的变化而呈现较大幅度的变化。

在无法开窗换气的情况下，应确保空调系统能满足室内新风量的要求。全国不同地区 8 座航站楼空调季的室内 CO_2 浓度测试结果显示（图 7.1），尽管运行中空调系统的新风阀均关闭，但只有 3 座航站楼的室内 CO_2 浓度有瞬时超过 1000 ppm 的情况，说明航站楼存在显著的渗风现象，导致空调系统即使不送新风，航站楼室内的CO_2浓度也很少会超标。

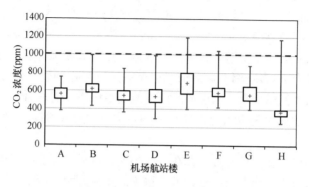

图 7.1　航站楼室内 CO_2 浓度

　　空调系统的设计新风量是按照满足室内人员密度最大时确定的。如果空调系统一直按照设计新风量来供应新风,将浪费较多的新风处理用冷、热量。CO_2可以反映新风量供应的大小,因此应通过对室内 CO_2 浓度的监测来控制空调系统的新风量,以满足室内空气质量的要求,同时最大限度地减少新风处理用冷热量。

　　此外,需要注意的是,如果在运行中只改变新风量,不改变排风量,有可能无法达到新风量控制的目的,甚至会反而增加能耗,因此排风系统设计也应考虑可调节排风量以适应新风量的变化。

7.3　输　配　系　统

7.3.1　当航站楼所有区域只要求按季节同时进行供冷和供热转换时,应采用两管制空调水系统;当航站楼内一些区域的空调系统需全年供冷、其他区域仅要求按季节进行供冷和供热转换时,可采用分区两管制空调水系统。

　　【条文说明】

　　航站楼的功能房间众多,内区面积与平面设计相关。为减少内区冬季供冷的能耗,在建筑设计时应通过合理的空间布置减少内区。航站楼内存在需全年供冷的区域时（不仅限于内区，还包括其他有较大发热量的区域，如信息机房），这些区域在非供冷季首先应该直接采用室外新风做冷源，例如全空气系统增大新风比、独立新风系统增大新风量。这样，在季节变化时只是要求相应作供冷/供暖空调工况转换的空调系统，采用两管制水系统就可以满足使用需求。当新风冷源不能满足供冷量需求时，需要在供热季设置为全年供冷区域单独供冷水的管路，即分区两管制系统。

如果仅在理论计算上存在一些小面积内区，但实际使用时总冷负荷很小，冷源与配套设备无法为之单独开启，或冬季即使短时温度较高也不影响使用，如果为其采用相对复杂、投资较高的分区两管制系统，运行时很可能很少有机会需要内区供冷模式，造成投资浪费。因此工程中应考虑建筑是否真正存在面积和冷负荷较大的需全年供应冷水的区域，确定最经济和满足要求的空调管路制式。

7.3.2 根据航站楼规模和各区域分布，确定适宜的水系统形式：

1. 冷水水温和供回水温差要求一致，且各区域管路压力损失相差不大的中小型航站楼，宜采用变流量一级泵系统；

2. 系统作用半径较大、设计水流阻力差别较大的大型航站楼，空调冷水宜采用变流量二级泵系统；

3. 提供冷源设备集中，且用户分散的区域供冷式的大规模空调冷水系统，当二级泵的输送距离较远且各用户管路阻力相差较大，或者水温（温差）要求不同时，可在用户末端采用多级泵系统。

【条文说明】

变流量一级泵系统是目前应用最广泛、最成熟的系统形式，适用于最远环路总长度在 500m 之内的中小型工程（如小型航站楼或冷站在航站楼附近）。以往一级泵变流量系统应用受限，主要是由于通过冷水机组的水量对冷机性能系数影响较大，所以冷水机组的流量允许变化范围较小。现有冷水机组的允许最小流量已经可达50%以下，而航站楼冷源设备通常采用多台冷水机组，已经完全可以通过台数和流量控制，实现一级泵变流量运行。因此应经技术和经济比较，与定流量系统相比，采用一级泵变流量系统节能潜力较大，可以作为航站楼空调水系统方案。

制冷机房内冷源侧阻力通常变化不大。多数情况下，空调系统设计水流阻力较高、变化较大的原因是集中供冷、供热系统的作用半径大造成的，因此系统规模、末端阻力差异性是判断应否采用二级泵或多级泵水系统的主要条件。当各环路的设计水温一致且设计水流阻力接近时，可以合用一组二级泵，多台水泵根据末端流量需要进行台数和变速调节，大大增加了流量调解范围和各水泵的互为备用性；当各环路的设计水流阻力相差较大或各系统水温或温差要求不同时，宜按区域或系统分别设置二级泵。

对于冷水机组集中设置在冷冻站中，且航站楼各周边配套建筑区域分散（如地面交通中心、指挥中心、机场集团办公楼等）的大规模空调冷水系统，当输送距离较远且各区域管路阻力相差非常悬殊的情况下，即使采用二级泵系统，也可能导致二级泵的扬程很高，运行能耗的节省受到限制。这种情况下在冷源侧设置定流量运行的一级泵，为共用输配干管设置变流量运行的二级泵，在各末端用户或用户内的水系统上再分别设置变流量运行的三级泵等多级泵系统，可降低二级泵的设计扬程，也有利于航站楼各个区域的运行调节。如航站楼不同区域或不同末端系统所需水温或温差与冷源不同，还可通过多级泵和混水阀满足要求。

如能通过全年逐时负荷模拟分析和管路阻力与末端调节方式的联合模拟，最终确定一级泵变流量系统也能满足航站楼内不同区域室内环境控制要求，则应尽量采用相对简单的一级泵变流量系统。如一定要采用二级泵或多级泵变流量系统，应在设计阶段给出多级水泵在不同系统负荷率下的控制调节策略。

7.3.3 在经济技术合理时，运行中冷媒温度设定值宜高于常用设计温度，热媒温度宜低于常用设计温度，同时还应尽量提高输配系统供回水温差。

【条文说明】

提倡低温供暖、高温供冷的目的，一是提高冷热源效率；二是可以充分利用天然冷热源和低品位热源，尤其在利用可再生能源的系统中优势更为明显；三是可以与辐射末端等新型末端配合使用，提高房间舒适度。

输配系统的冷热媒供给温度和供回温差设计，需要充分考虑整个空调系统的技术经济性。例如，对于集中供暖系统，使用锅炉作为热源的供暖系统采用低温供暖不一定能达到节能的目的；单纯提高冰蓄冷系统供水温度不一定合理，需要考虑投资和节能的综合效益。

7.4 运行调节策略

7.4.1 系统整体运行策略应遵循"被动优先、主动优化"的原则。

【条文说明】

在室内环境控制过程中，优先考虑被动方式，尽量采用自然手段维持舒适的室内热湿环境。过渡季节可利用自然通风带走余热、余湿，缩短主动式空调系统的运行时间。若自然通风量不能满足排除室内余热余湿的要求，就需要通过主动式的温湿度控制系统来满足热湿排除需求。自然通风采用以下运行模式：

1. 当室外温度和含湿量均低于室内设定值时，可以直接采用自然通风来解决建筑的排热排湿；

2. 如果采用的是温湿度独立控制系统，当室外温度高于室内设定值、但含湿量低于室内设定值的时候，可以利用自然通风排除室内余湿，再利用显热末端装置控制室内温度；

3. 当室外温度低于室内设定值，而含湿量高于室内设定值时，只要室内含湿量没有影响人员热舒适，也可以利用自然通风来控制室内环境。

7.4.2 温湿度独立控制系统的湿度控制部分在开启时应先运行、停止时后关闭，以保障温度控制末端处于干工况运行，尤其是采用辐射末端时应严格保证室内没有结露现象发生。

【条文说明】

基于温湿度独立控制（THIC）的空调理念，可由控制温度和控制湿度的系统分别调节室内的温度和湿度。温度控制部分利用较高温度的冷水排除室内显热，不仅可以提高冷源效率，室内末端表面无凝水也有利于卫生。按该思路设计的空调系统中各设备的开启顺序和关机顺序与常规空调系统有所不同。

以新风机组控制室内湿度、高温冷水机组搭配辐射地板或干式风机盘管为例，给出温湿度独立控制系统建议的运行次序：

1. 工作前一段时间，提前开启新风机组对室内进行除湿。

2. 通过室内的温湿度传感器监测室内的露点信息，露点可通过温度和相对湿度参数运算得到。若露点温度低于冷水供水温度（一般设定为 15～18℃），启动辐射地板或干式风机盘管，末端水阀打开，此时可开启高温冷水机组。

3. 高温冷水机组开启顺序：冷却水泵启动→冷却塔启动→冷水泵启动→主机启动。

4. 运行正常后，新风支路电动风阀根据温湿度传感器的监测数据自控调节，辐射地板或干式风机盘管的水阀也通过温度传感器的监测数据和水温开关。

5. 空调关机顺序：关高温冷水机组→依次关冷水泵、冷却泵和冷却塔→关辐射地板或干式风机盘管风机→关新风机组。

采用辐射末端（如辐射地板）降温时，需严格保证供冷表面没有结露现象发生。除了上述建议的系统设备运行次序之外，应在房间最冷位置处安装温度探测器，并保证供冷表面的最低温度高于室内露点温度。根据经验，室内最冷点应为远离窗户的、紧靠供水管的内侧墙角位置。理论上，供冷表面的最低温度（而不是冷水的供水温度）高于室内露点温度即可保证无结露现象。在实际运行时，辐射供冷板的表面温度应高于室内空气露点温度1～2℃。此外，还需要妥善处理门窗开启位置等有热湿空气渗入的地方，尤其是在气候潮湿地区，辐射地板要布置在距离进口一定距离以外的区域。当设置在房间最冷点的温度测量值接近露点温度，测得有结露危险时，应控制该房间的新风送风末端加大新风量或者降低新风机组的送风含湿量水平，如仍有结露危险，则关闭辐射板的冷水阀，停止供冷水。待送入的干燥新风将室内的湿度降低至一定水平时，再开启辐射板的冷水阀恢复供冷。

7.5 案例比选介绍

下面以国内某机场航站楼空调系统比选过程为例，介绍空调系统的优化设计方案。

7.5.1 方案简述

该航站楼有大面积透明围护结构，同时是兼具高大空间特点的机场建筑，其室内太阳辐射得热量大，而且围护结构内表面和室内热源的温度较高。采用基于辐射地板的分层空调系统的形式可以有效控制室内温湿度环境，并降低系统输配能耗和冷机能耗。

建议的空调方案为在人员活动区域的上方，利用自然通风，诱导从乘客进出口渗入的热湿空气排出室外；在人员活动区域高度内（2m以内），通过辐射地板和送风末端控制人员活动区的环境参数，如图7.2所示。而辐射地板和送风末端联合运行控制室内温湿度环境的原理如图7.3所示。夏季，辐射地板的供水温度为16～18℃，承担基础负荷和太阳直射辐射得热。下部的送风装置将除湿处理后的干燥空气送入室内，承担建筑内所有的除湿处理任务；同时干燥的空气密度较大，从而起到"保护"辐射地板表面不结露的作用。由于辐射地板受到其表面不结露的制约以及出于人员热舒适性的考虑，因而其表面温度不能过低（一般不低于20℃），从而限制了其供冷能力。为此，在新风送风口的上部设置了干式风机盘管，以实现对室内温度的控制和调节。冬季，辐射地板的供水温度为35～40℃，基本可承担建筑室内热负荷。

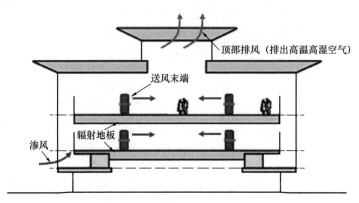

图 7.2 高大空间空调系统解决方案系统形式图

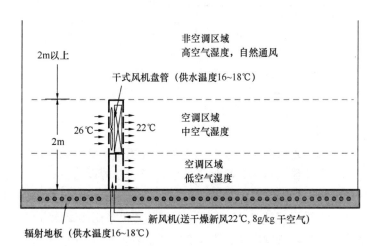

图 7.3 辐射地板和送风末端联合运行原理图

采用基于辐射地板的分层空调系统,其冷源设备可由高温冷水机组和带预冷的独立新风除湿机组组成,如图7.4所示。其中高温冷水机组产生16℃高温冷水,通入辐射地板和干式风机盘管处理室内的显热负荷,同时对新风进行预冷处理;除湿机组主要负责对新风的降温除湿,用于承担室内潜热负荷和部分显热负荷。独立的新风除湿机组的冷凝器可以采用水冷冷凝器,冷却水通过冷却塔排热,也可采用风冷冷凝器,这样就需要在空调机房中引入室外新风作为冷却介质。

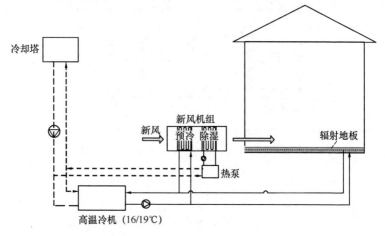

图7.4　高温冷水机组+带预冷的独立新风除湿机组的方案示意图

7.5.2　与常规空调方案的比较

1. 一次性投资

基于辐射地板的空调系统与常规系统相比,辐射地板供冷代替了部分高速喷口送风,增加了辐射地板部分的设备投资,节省了风道、风口投资,二者持平。而采用高温冷水机组代替了原有的普通冷水机组(7/12℃),新风处理部分若仍采用冷凝除湿方式,一般不会增加设备费用。总的来说,该方案基本不增加初投资。

2. 建筑空间

采用基于辐射地板的空调系统,其中辐射地板占用的建筑层高约为 10cm。这种空调系统省去了风道,而常规的空调系统风道占用的建筑层高约为 50cm。

3. 运行能耗

对于大空间建筑而言,若采用全空气系统,其换气次数为 3~5 次/h,需要相当大的空气循环量。若利用辐射地板供冷,可以降低大空间末端循环风量,即用水循环代替一部分空气循环(同样冷量情况下,水循环水泵能耗仅为空气循环风机能耗的 1/5~1/10),可以有效降低输配系统电耗。

辐射地板配合局部的送风方式在高大空间中营造分层的空调方式,仅控制人员活动区(如 2m 以下)的温湿度参数,降低高大空间环境控制的冷量需求。有太阳辐射情况下,辐射地板供冷量会随之增大,增加安全余量。在机场卫星厅,顶部开有天窗而且使用玻璃幕墙等透明围护结构,太阳辐射等短波辐射热量大量进入室内。当采用辐射地板供冷时,辐射地板可以直接吸收入射到地板表面的太阳短波辐射热量。当辐射地板没有太阳直射时,单位辐射板面积的供冷量一般在 30~40W/m²;而当有太阳辐射等短波辐射时,单位辐射板面积的供冷量可以达到 100W/m²。

辐射地板供冷需求水温(如 15℃左右)高于传统冷水机组(7℃)的冷水温度,提高冷水温度可以显著提高冷水机组的性能系数 COP,供给 15℃高温冷水的冷水机组 COP 比常规冷水机组可以提高约 40%,从而大幅度降低冷水机组的运行能耗。高温冷水机组提供的冷水除了用于辐射板供冷,还可作为新风处理的预冷。这样,可以提高新风的处理能效,进一步提高整个系统的性能。

以西安咸阳国际机场为例,基于辐射地板的空调系统很好地满足了 T3A 航站楼值机大厅、候机大厅等典型高大空间区域的室内温湿度环境营造需求。与 T3A 航站楼相比,西安咸阳国际机场 T2 航站楼空调系统采用常规喷口送风方式。图 7.5 给出了 2013 年 T2、T3A 航站楼空调系统逐月单位面积电耗情况,包含夏季供冷季、过渡季和冬季供热季三种运行工况。其中冷站能耗包含冷站所有设备（冷机、循环泵及冷却塔等）的能耗，航站楼末端设备能耗是指末端风机、水泵等设备的能耗（T3A航站楼末端设备还包含热泵驱动式溶液调湿新风机组），由于冬季热源来自集中热网，图中未给出冬季热源部分的耗热量统计结果。

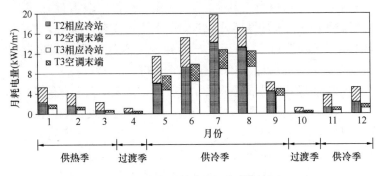

图7.5 空调系统全年运行能耗对比

从实际单位面积能耗统计结果来看，T3A航站楼空调系统能耗显著低于T2航站楼，表明基于辐射地板的空调系统应用于机场等典型高大空间建筑具有十分明显的节能效果。从主要能耗组成来看，由于采用辐射末端供冷/供热方式并结合置换式送风方式实现室内湿度调节，T3A航站楼空调末端设备中的风机能耗大幅降低，与T2航站楼相比，供冷、供热季末端能耗可降低50%以上。从空调系统总运行能耗来看，2013年T3A航站楼单位面积空调系统的运行能耗约为56.1kWh/m²，相应的T2航站楼空调系统的单位面积运行能耗超过92.6kWh/m²，因而，与T2航站楼相比，T3A航站楼空调系统能耗大幅降低，运行能耗降低幅度约为39%。

4. 舒适度

建筑室内，人员的实际感受温度由周围空气温度与辐射温度（建筑各壁面温度）共同决定。感受温度可用操作温度来刻画，近似等于周围空气温度和辐射温度的平均值。在使用常规空调方式的空间，受屋顶、外立面等长波辐射的影响，夏季的操作温度是高于人员活动区的空气温度的。而采用辐射地板供冷的空调系统，在同样的空气温度下，由于地板表面温度低，使得操作温度会低于常规空调方式，可以获得更加舒适的室内环境。

7.5.3 存在问题与解决措施

为了保证辐射地板系统顺利运行，需要在辐射地板的施工（图7.6）与运行过程中注意如下事项：

1. 施工过程中，调整交叉作业工序，保障辐射地板铺设、养护周期，避免对成型管路的破坏。

在航站楼施工过程中，需要同时进行土建、暖通、机电等多方面的交叉作业。为了避免对辐射地板管路的破坏，需要对辐射地板铺设区域地埋管、其他线路和固定物等的位置做好规划；对地面钻孔较多的区域（如行李提取大厅，涉及较多的管线），在铺设辐射埋管前预先打好钻孔。对辐射地板的施工实行分区作业，每片区域的铺设、养护期间约1～2周，在此期间对作业区域进行清场，维持施工秩序。

图7.6 辐射地板施工过程

2. 运行过程中，如需进行商户等改造，应进行现场勘察。

在航站楼运行过程中，如需进行部分区域功能改变，例如将部分候机区域改为商户，在现场施工前应确认是否为辐射地板铺设区域，尽量按照规划预留的区域进行改造。在辐射地板区进行改造时，可采用轻质隔板，避免地面钻孔；如需地面钻孔时，可利用探管器、热成像仪（图7.7）对铺设的埋管进行现场勘察。

(a) 热成像仪

(b) 辐射地板热成像图片

图7.7　热成像仪及辐射地板显示图片

3. 采用空气幕隔断、室内湿度控制等方式，避免辐射地板表面结露。

相对于辐射顶板供冷而言，辐射地板的结露危险大为降低，原因在于湿热的空气密度低（空气越潮湿、温度越高，其密度越低），室外湿热空气进入室内后，在浮升力的作用下会直接向上流动。为了避免辐射地板表面结露，可从以下几方面共同保证：

（1）在航站楼进口处局部区域内不铺设辐射地板冷水管；在经常开启的大门设置空气幕等措施，减少室外热湿空气的渗入量；

（2）辐射地板自身的防结露保护控制措施：当检测到辐射地板表面温度接近周围空气的露点温度时，降低送风的设定含湿量或者加大送风量增强除湿能力；当采用上述措施辐射地板表面仍有结露危险时，关闭辐射板的进口水阀，待送风将室内的湿度控制好之后，再开启辐射地板冷水阀恢复供冷。

8 冷热源系统设计

8.1 能源站选址

8.1.1 能源站宜尽量靠近航站楼，与航站楼供冷输送距离不宜过大。

【条文说明】

区域内冷热负荷密度越高，即单位区域面积上的负荷越大，越有利于发挥能源站区域供能的规模优势；另一方面，随着供能区域半径的加大，管道相应加长，埋管投资费用、冷热水输配过程中的输送能耗、供冷过程中的冷水升温也越大。因此航站楼能源站为区域集中供冷时，存在一个供冷输送距离的上限值。

表 8.1 给出 50m、500m 和 1000m 三种不同能源站供冷输送距离下的冷量耗散占系统能效比的计算结果。其中，管道沿程冷量散热损失按 0.6%/100m 计算，水泵效率按 70% 计算。由于冷水泵通过叶轮传递给流体的机械功，用于克服沿程流动阻力和局部流动阻力，最终也都耗散为热量，抵消了冷水的冷量。可以看出，能源站供冷半径达到 500m 时，管道散热和流动阻力耗散掉的冷量失已达总制冷量的 9.6%，管道越长耗散冷量比例越大。

另一方面，如果以航站楼末端空调箱等设备从空调水系统得到的有效供冷量计，能源站的供冷系统能效比也会有相应的下降（表中数据是根据冷水机组 $COP=5.60$，冷却水系统输配系数 = 35 为例计算的结果），输送距离超过 500m 之后，按有效供冷量计算的供冷系统能效比很难达到 4.0。因此集中供冷系统从能效的角度看，没有任何优势。

如表 8.2 所示，通过对国内四座机场航站楼的测试结果发现，

表 8.1　不同能源供站供冷输送距离下整体能效比计算

项　目	单位	能源站与航站楼供冷输送距离 (m)								
		50 (管长100)			500 (管长1000)			1000 (管长2000)		
		25			50			70		
		5	7	10	5	7	10	5	7	10
冷水泵扬程	m	51.4	72.0	102.9	25.7	36.0	51.4	18.4	25.7	36.7
冷水供回水温差	K	5	7	10	5	7	10	5	7	10
冷水输送系数	kWc/kWe	60	84	120	30	42	60	21.4	30	43
管道散热占总制冷量比例	%	0.6	0.6	0.6	6.0	6.0	6.0	12.0	12.0	12.0
冷水泵抵消总制冷量比例	%	1.67	1.19	0.83	3.33	2.38	1.67	4.67	3.33	2.33
以上二者耗散冷量占总制冷量比	%	2.27	1.79	1.43	9.33	8.38	7.67	16.67	15.33	14.33
按冷机制冷量计算能源站系统能效比	kWc/kWe	4.37	4.46	4.53	4.07	4.24	4.37	3.86	4.07	4.24
按供应到末端有效冷量计算能源站系统能效比	kWc/kWe	4.27	4.38	4.47	3.69	3.88	4.03	3.22	3.45	3.64

能源站与航站楼距离大于 500m 的机场项目冷水侧整体 WTF 均低于 25，这是因为过远的输送距离造成水泵扬程偏大，需要多级接力。因此，建议能源站的输送距离控制在 500m 以内，不应超过 1000m。同时建议输配系统尽可能采用大温差水系统，有效降低冷水流量，从而降低管道能量损失、水泵输配电耗、管材投资费用等不利因素的影响。

表 8.2　国内机场航站楼冷水输送系数实测结果

	冷水输配系统形式	能源站与航站楼距离	冷水侧整体 WTF (kWhc/kWhe)	一次泵 WTF (kWhc/kWhe)	二次泵 WTF (kWhc/kWhe)	三次泵 WTF (kWhc/kWhe)
机场 A	一级泵	航站楼内	57.3	57.3		
机场 B	三级泵	约 300m	36.8	82.6	165.3	111.1
机场 C	二级泵	约 800m	19.9	63	29	
机场 D	三级泵	约 1700m	22.2	83	66.5	55.6

注：kWhc——千瓦时冷量；kWhe——千瓦时电量。

8.2　冷热源方案

8.2.1　对于航站楼的能源系统，冷热源的容量选择与空调末端的容量选择，在单位面积指标上有巨大的区别，可以远小于空调末端设计容量之和。

【条文说明】

表 8.3 给出了部分国内骨干枢纽机场航站楼负荷调研实测结果。可以看出，空调冷热源装机负荷与实际运行过程中出现的尖峰负荷有巨大差别，航站楼能源站装机冗余量超过一倍非常常见，这说明在设计阶段对航站楼冷热负荷设计指标的选定往往偏大。而大部分航站楼的尖峰冷负荷均在 60W/m² 以下，尖峰热负荷均在 50W/ m² 以下。

表 8.3　国内机场航站楼装机负荷与实际尖峰负荷调研

	单位	航站楼 A	航站楼 B	航站楼 C	航站楼 D
装机冷负荷	W/m²	145	—	109	137

续表 8.3

	单位	航站楼 A	航站楼 B	航站楼 C	航站楼 D
实际尖峰冷负荷	W/m²	54.4	—	56.3	55.4
装机热负荷	W/m²	—	65	149.2	149.2
实际尖峰热负荷	W/m²	—	42	46.6	61.6
装机冷量冗余量		167%	—	94%	147%
装机热量冗余量		—	55%	220%	142%

究其原因，一方面是因为航站楼体量大、功能多，实际空调末端的尖峰负荷出现时间相差很大，例如出港高峰往往出现在早6～8点期间，而此时到港航班少、到港和行李提取区域人员密度低；太阳辐射和室外气温的高峰出现在下午，此时值机区域的人员密度比早高峰降低很多；夜间到港和行李提取区域人员密度大，但值机区域人民密度已非常低，等等。另外一方面，机场航站楼的空调末端往往需要应对各种人员高密度、灯光设备以及太阳辐射等大量的热扰，但机场航站楼人员流动性强，在航站楼所有的区域同时出现人员密度达到设计值是不可能的。因此，空调末端容量的设计参数不宜降低，但计算冷热源装机容量时，可大幅度降低。

具体的"同时使用系数"还需进一步研究，根据目前调研结果，对于大型的机场航站楼，建议冷源容量的设计指标不宜超过60W/m²，不应超过 90W/m²；热源容量的设计指标不宜超过50W/m²，不应超过 70W/m²。

8.2.2 宜根据周边电网、热网、气网具体条件确定冷热源方案。

【条文说明】

电网条件普遍充沛，宜选用水冷的电制冷方式为冷源。

如果距离热电联产热源或城市热网较近，建议选择热电联产集中供热方式，并按热量计费为佳。

如果不具备上述热源和热网条件，但距离天然气管网和门站较近，可选择天然气锅炉热水管网集中供热；如果属于严寒和寒冷地区，还可将航站楼周边工作区一起纳入集中供热管网进行供热。

以上条件都不具备时，可考虑电驱动热泵系统供热，宜将电驱动热泵机组靠近用户，分散设置为佳，减少集中供热管网损失，并详细计算论证方案可行性。

8.2.3 宜充分利用蓄能系统提升能源站的经济性、可靠性和节能性。

【条文说明】

采用空调蓄冷技术，结合电力系统的分时电价政策，可以有效转移电力高峰期的用电量，平衡用电峰谷差；更可以减小空调设备容量，节省投资和运行费用。目前，空调蓄冷方式可分为显热蓄冷和相变蓄冷。显热蓄冷主要指水蓄冷，通过水温 4～12℃之间的变化来蓄存显热；相变蓄冷则包括冰蓄冷和其他高温相变材料（相变温度为 6～10℃之间）的蓄冷。由于冰的相变潜热大，本身无毒性，且可与冷水直接接触，因此冰蓄冷系统得到了工程上的广泛应用。据相关文献统计，国内外建成的蓄冷工程中，75％以上采用冰蓄冷系统。

与冰蓄冷相比，水蓄冷系统具有结构简单，运行、管理方便，投资少，回收期短等优点，但由于水蓄冷为显热蓄冷且蓄冷温差有限，因此其蓄冷槽容积往往比冰蓄冷蓄冷槽容积大 4～6倍。对于一般建筑往往难以提供较大的占地空间，因此现阶段应用冰蓄冷的工程项目数量远远大于水蓄冷。然而，机场建筑占地面积广阔，因此应用水蓄冷系统在机场更为简单易行。

水蓄冷系统在蓄冷工况和制冷机供冷工况下对制冷机的要求相差无几，因此不需要设置双工况冷机，系统难点在于对冷水和温水的有效隔离，常用的隔离方式包括：自然分层式、槽组式、空槽式和隔膜式等。根据实际建设的蓄冷项目的统计数据，水/冰蓄冷初投资约比常规系统高 5％～25％，但后期运行费用可节省20％～60％。

8.2.4 不宜采用燃气吸收式冷水机组。

【条文说明】

燃气吸收式冷水机组与水冷电制冷机组比，在经济、能效、一次能源消耗等方面都没有任何优势，不宜在机场航站楼能源站采用。表8.4为燃气吸收式冷水机组与水冷电制冷机组实测效果比较。

表8.4 燃气吸收式冷水机组与水冷电制冷机组实测效果比较

	单位	燃气吸收式冷水机组	水冷电制冷机组
燃气量	Nm³/kWhc	0.11	—
耗电量	kWhe/kWhc	0.13	0.25
冷站EER	—	0.9	4.0
价格	元/kWhc	0.52	0.19
一次能源量	kgce/kWhc	0.187	0.08
等效电量	kWhe/kWhc	1.12	0.25

注：kWhc——千瓦时冷量；kWhe——千瓦时电量。

在实际工程中，已有一批航站楼能源站的燃气吸收式冷水机组因为运行成本过高或者制冷效果不佳而不再使用，或被更换为电制冷机组。

8.2.5 机场不宜采用热电冷联供系统；如一定要采用，热电冷联供系统电机组发电容量宜小不宜大，发电效率不应低于40%。

【条文说明】

对于热电冷联供系统而言，全年冷热需求越多，热电冷联供

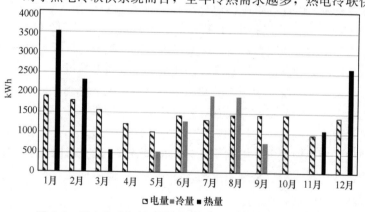

图8.1 国内寒冷气候区某航站楼2016年逐月电冷热需求

系统越适宜。不同于宾馆、饭店等建筑类型，机场建筑少有全年稳定的生活热水的热需求，也即意味着热电冷联供系统在长时间内没有较多的供热与供冷需求，而只有电力供应的需求。在这种条件下运行，热电冷联供系统的节能性与运行效益将极大降低，且受到发电效率的显著影响。以图8.1和表8.5所示的国内某航站楼的全年电冷热需求实测结果为例。

表8.5 国内寒冷气候区某航站楼冷热电比比较

尖峰需求热电比	2.5：1
尖峰需求冷电比	1.5：1
全年需求热电比	1：1.5
全年需求冷电比	1：2.5
热电冷联供系统实测供应热电比	1.2：1
热电冷联供系统实测供应冷电比	0.4：1

在实际运行中，航站楼所需求的冷热量无法由热电冷联供系统完全供应，必然有其他辅助冷热源承担一部分供应，其原因有二：

1. 在电力价格处于谷价的时间段内，热电冷联供系统运行发电的成本高于直接从电网取电，所以热电冷联供系统不会运行，此时间段内建筑的冷热需求将由辅助冷热源供应。

2. 由于热电冷联供系统具有稳定的冷热电比供应，且小于建筑的尖峰冷热电比需求，这意味着在最炎热与最寒冷时期需要辅助冷热源承担一部分冷热需求。

综上，在全年需求冷热电比较低，且存在辅助冷热源承担部分冷热需求的情况下，热电冷联供系统运行的节能性与经济效益将大大降低，且受到联供系统发电机组的发电效率的显著影响。对热电冷联供系统节能率进行计算，计算公式如下：

$$r = 1 - \cfrac{B \times Q_L}{\cfrac{3.6W}{\eta_{eo}} + \cfrac{Q_1}{\eta_0} + \cfrac{Q_2}{\eta_{eo} \times COP_0}}$$

式中　r——联供系统节能率，%；

　　　B——联供系统年燃气总耗量，Nm³；

　　　Q_L——燃气低位发热量，MJ/Nm³；

　　　W——联供系统年净输出电量，kWh；

　　　Q_1——联供系统年余热供热总量，MJ；

　　　Q_2——联供系统年余热制冷总量，MJ；

　　　η_{eo}——常规供电方式的平均供电效率，%，燃气电厂可取作55%；

　　　η_0——常规供热方式的燃气锅炉平均热效率，%，可按《公共建筑节能设计标准》GB 50189取值，或取90%计；

　　COP_0——常规制冷方式的电制冷平均性能系数，可按《公共建筑节能设计标准》GB 50189取值，或取5.0。

将上述调研得到的航站楼逐月冷热电需求数据，在不同发电效率条件下进行节能率计算，结果见表8.6。

表8.6　节能率随发电效率变化情况

发电效率	节能率
30%	−35%
35%	−16%
40%	−1.5%
45%	9.8%

如节能率为负，则表明该热电冷联供系统运行节能性不佳，不如采用常规冷热源方案。而在上面的计算结果中我们发现，在发电效率达到45%时节能率才为正值，而对国内实际运行的热电冷联供系统进行实测发现，联供系统发电机组的发电效率多在30%～35%之间，很少超过40%。

由于提高联供系统的实际全年供应冷热电比有助于提高联供系统的运行效益，在建筑实际冷热需求无法改变的条件下，降低联供系统的发电容量可以提高全年供应冷热电比，进而提高系统运行效果，并且可以降低系统初投资，有利于缩短投资回报期限。考虑发电机组发电效率、发电机组容量对于建筑尖峰电需求占比两个维度，对节能率作双敏感性分析，计算结果如表 8.7所示。

表 8.7　热电冷联供系统节能率双敏感性分析

节能率（%）		发电机组发电效率（%）						
		30	32	34	36	38	40	42
发电容量占比	1	−35	−27	−19	−13	−7	−1	3
	0.8	−35	−26	−19	−12	−6	−1	4
	0.6	−34	−25	−18	−11	−5	0	5
	0.4	−33	−25	−17	−11	−5	0	5
	0.2	−33	−25	−17	−11	−5	0	5

通过表 8.7 可以看出，只有发电机组发电效率在 40% 以上时，热电冷联供系统节能率才为正值，且联供机组发电容量占建筑尖峰电需求占比越小，节能率越大。所以如采用热电冷联供系统，其电机组的发电效率不应低于 40%，且发电容量宜小不宜大。

8.3　输 配 系 统

8.3.1　各级冷水泵输送系数宜高于 50，不应低于 40；冷水侧整体输送系数宜高于 40，不应低于 30。

【条文说明】

由于机场多采用区域供冷的系统形式，冷水输送距离较长，以多级泵接力输配，所以某一级水泵的输送系数都会对冷水侧的整体输送系数产生巨大影响，因此对于各级冷水泵都应提出输送系数的严格要求。水输送系数的计算公式如下：

$$WTF = \frac{Q_c}{W} = \frac{Cm\Delta t}{\dfrac{mgh}{\eta}} = \frac{C\Delta t\eta}{gh}$$

式中 *WTF*——水输送系数；

Q_c——水泵输送冷量，J；

W——水泵耗电量，J；

C——水的比热容，J/(kg·K)，可取为 4.2×10^3；

m——输送水的质量流量，kg/s；

Δt——输送冷水的温差，K；

g——重力加速度，N/kg，可取为 9.8；

h——水泵扬程，m；

η——水泵效率。

由计算公式可以注意到，影响水输送系数的关键因素在于输送冷水的供回水温差、水泵效率以及水泵扬程。所以要提高水输送系数的关键点在于：提高冷冻水供回水温差，以及缩短输送距离，减少管路不合理阻力，尽量降低水泵扬程，合理选型保证水泵效率。

8.3.2 宜在冷水输配系统中采用大温差水系统，并在设计阶段给出空调末端和各级循环泵保证大温差运行的控制策略。

【条文说明】

空调水系统大温差是指空调系统供回水温差超过常规设计的5K，特别是对于冷水输配系统，由于航站楼规模大、输送距离长，因此宜采用超过常规 5K 送回水温差的大温差冷水输配系统。由于水系统的温差加大，流量减小，因此空调系统冷水泵扬程、功率等设计容量也会减小。这样不仅可以节省部分设备及材料的初投资，也能降低水泵运行电耗和费用。

然而，虽然已有航站楼空调系统采用了大温差系统设计，但在实际运行中，效果差异很大。通过对国内外实际运行的大温差水系统的实测结果进行对比发现，运行效果较好的大温差系统，不但要有大温差水系统或风系统总体设计，还要配合相应的大温差末端设备、相应的多级泵协同控制才能保障运行。因此，要想在航站楼空调系统实际运行过程中实现大温差冷水输配，应在设计阶段给出相应的空调末端选型和多级循环泵协同控制的保证大温差运行可以实现的控制策略。

8.3.3 宜尽量采用水作为冷热量的输配媒介，有效降低末端电耗。

【条文说明】

在达到同等的输送距离条件下，水泵电耗要小于风机电耗，在实际工程测试中发现，风侧由于阻力较大，脏堵情况较为严重，且风机效率远低于水泵，采用全空气系统的建筑整体风机电耗可以占到空调电耗的近 50%。

如果改善末端形式，结合辐射地板等形式以水代替风作为末端的冷热量输配媒介，可以有效降低末端电耗，同时降低空调整体电耗。从国内寒冷地区某机场两座航站楼的实测结果可以发现，相比于采用辐射地板形式的航站楼 T∗，采用传统风系统的航站楼 T 无论是其末端电耗还是总空调电耗均更高，参见表 8.8。

表 8.8　某机场两座航站楼空调电耗对比

航站楼	T	T∗
所处气候区	寒冷地区	寒冷地区
系统形式	全空气系统	辐射地板＋置换通风
单位建筑面积末端电耗（kWh/m²）	21.5	11.9
单位建筑面积冷站电耗（kWh/m²）	47.5	33.6
单位建筑面积总空调电耗（kWh/m²）	69.0	45.5

8.4　运行调节策略

8.4.1 在设计阶段应分别至少针对 100%/75%/50%/25% 等负荷率，给出空调系统能源站的具体运行调节策略，包括空调输配系统的控制策略和冷热源设备的控制策略。

【条文说明】

由于机场航站楼体量大、运行时间长，必然会出现从 100% 的高负荷率阶段到供冷供热初期和末期，以及夜间部分停航阶段的系统运行，因此需在设计阶段，针对不同的系统负荷率（至少应针对 100％/75％/50％/25％四种工况），给出空调水系统和冷热源设备的具体运行调节策略。

例如，对于空调水系统宜按大温差运行，在不同的末端冷热量需求、水量需求，以及水温需求、末端供水压力需求情况下，多级水泵系统应根据哪些实测参数进行调节，水泵的台数、频率、甚至阀门开度等应如何调节，都应详细给出。特别是，控制策略不能按"铁路警察、各管一段"的思想，而是应提出涵盖全系统的控制策略，包括从航站楼末端空调箱控制策略、多级泵台数和频率控制策略、冷水机组加减机及供水温度设定值确定策略等。并且这些控制调节策略应能根据航站楼使用特点以及天气变化，而在日、周、年的各种工况下实现按设计意图高效运行。

8.4.2 需要给出在特殊情况下空调系统的具体运行调节策略，包括空调末端的控制策略和能源站的控制策略。特殊情况包括极端天气条件、客流量骤变等。

【条文说明】

对于机场航站楼而言，影响空调系统的极端天气除极热或极冷天气外，夏季连续高温日晒、冬季连续低温大风天气，也会显著提升空调负荷。此外，大雾、雨雪、霾以及灾害天气等会导致航线无法正常营运、航班大面积延误，进而导致乘客滞留，从而大幅提高航站楼室内的空调负荷。对航站楼而言，极端天气条件与客流量骤变往往是紧密相关的。在这种特殊情况下，由于乘客的心理受到天气与航班延误影响，如果不能对室内的热湿环境作出及时良好的处理，会使得室内人员生理与心理的不舒适度大幅提高，投诉率大幅上升。因此需在设计阶段，针对特殊情况给出空调系统的具体运行调节策略。

例如，在设计选型阶段应该将航站楼内局部区域空调末端的容量给足，易发生乘客大面积停留的候机厅等区域，末端选型时应考虑适当比例的余量，在特殊情况发生时开启足量末端；输配系统多级泵台数与频率均要有控制的手段，能够具备普通情况下少台、低频运行，特殊情况下多台、高频运行，保证足够的流量供给；冷热源侧容量出于初投资考虑不应选择过大，因此有必要对特殊情况的发生进行合理预测，在特殊情况发生之前或早期即调整供水温度与供给冷热量，充分利用水输配系统与建筑的热惯性。对于特殊情况发生的时刻、时间长短、负荷提升强度均需要一定的预测机制，以及基于预测的从冷热源到室内末端的调整控制策略。同时必须注意在冬季室内人员数量的骤然增加有可能会导致热负荷的减少，不能盲目调整运行策略反而造成室内环境恶化。

8.5 案例比选介绍

以国内寒冷地区某新建机场及其工作区能源系统方案比选过程为例。其中航站楼及其紧邻 GTC（地面交通中心）建筑面积约 50 万 m^2，工作区建筑面积 300 万 m^2。规划设计 1 号能源站负责航站楼及其紧邻 GTC 等建筑的供能，2 号能源站负责工作区建筑的供能。

经初期多个方案比选，选择的能源站方案是：

1 号能源站：

天然气冷热电三联供＋地源热泵＋常规电制冷冷水机组＋水蓄冷/蓄热＋热电联产市政供热＋110kV 专线，向航站楼及其紧邻 GTC 建筑供冷、供热和供电。

2 号能源站：

天然气冷热电三联供＋地源热泵＋常规电制冷冷水机组＋热电联产市政供热＋110kV 专线，以集中供冷/供热的方式，向工作区各建筑供能。

基于本指南研究成果，对该系统能源站方案进行大幅度调整，调整后的系统方案为：

1 号能源站：

常规电制冷冷水机组＋水蓄冷＋市政供热＋110kV 专线＋大幅度减小容量的冷热电三联供系统，向航站楼及其紧邻 GTC

建筑供冷、供热和供电。

其中，取消地源热泵系统，因当地地质结构坚硬，钻孔成本高，大量浅层地埋管实际安装时故障点多，初投资高，实际运行电耗、电费与热电联产市政供热相比都要高。

天然气冷热电三联供系统容量削减 3/4，发电机组容量约占航站楼用电尖峰负荷的 5%，并要求稳定发电效率不低于 40%，否则不予验收；发电量全部并网供航站楼，顶替其在电网峰电价和平价时从市政电网中的用电量。

冷水机组容量减少 30%，因水蓄冷装置可提供足够的系统冗余。

2 号能源站：

市政供热＋预留燃气锅炉调峰＋110kV 专线，以集中供热的方式，向工作区各建筑供热和供电；大幅度减小容量的常规电制冷冷水机组＋水蓄冷向 2 号能源站周围紧邻的很小部分公共建筑供冷。

其中，取消地源热泵系统的理由同上。

取消对整个工作区建筑集中供冷的方案，改为水蓄冷＋常规电制冷冷水机组向 2 号能源站周边 500m 内约 10 万 m² 建筑物供冷，这批建筑主要包括航空公司办公楼、指挥中心、机场酒店、航空食品公司等用冷需求明确的公共建筑。

将工作区集中供冷方案取消的主要原因，一是该区域内公共建筑受航空限高，容积率较低，一般在 2～3 之间，整个区域的供冷密度（以单位土地面积计）相对于航站楼非常低，集中供冷水泵电耗高、区域内水平管网热量损失大、供冷经济性差难以避免；二是根据当地公共建筑能耗监测系统长期监测数据发现，对于当地除了机场航站楼之外的公共建筑，如各类办公建筑、宾馆等，其实际夏季空调供冷量远小于冬季供热量，实际空调供冷尖峰负荷、累计供冷量等，也远小于设计手册上给出的空调供冷负荷，特别是低层和多层建筑，夏季经常采用自然通风，因此要避免由于过高估计空调冷负荷导致供冷系统预留过大，初投资长期闲置；三是不同于供热，公共建筑空调供冷系统形式的可选择余地很大，工作区预留商业发展地块的最终开发商或用户自主选择空调供冷形式的空间很大，其在与集中供冷系统服务商的博弈中并不处于弱势。集中供冷系统很难强迫预留地块以致最终开发商和用户必须接受成本相对较高的集中供冷系统，因此依靠供冷收费回收成本、获取利润的不确定性极大。因此，通过水蓄冷＋常规电制冷冷水机组的系统形式，既可以满足2号能源站周围紧邻区域已明确建筑用户的供冷需求，又不背负巨大的设备初投资包袱。

预留燃气调峰锅炉是因为工作区不同于航站楼，其建筑物从投入使用到全员入住需要较长时间，燃气锅炉可根据工作区实际使用情况而随时安装，避免资金和设备闲置。

将原有方案中的天然气冷热电三联供系统容量削减3/4，并且缓建，仅预留场地和燃气管道入口条件等，待1号能源站冷热电三联供系统实际投入运行后的效果、效率、效益得到实践充分检验后，再决定是否建设，进一步降低投资风险。

9 照明系统设计

9.1 设 计 要 点

9.1.1 在照明设计时,照明功率密度应符合国标现行规定。设计时可参考本指南 4.5.2 条给出的各功能空间的照度推荐值,以达到照明设计节能的效果。

【条文说明】

《建筑设计照明标准》GB 50034—2013 对于交通建筑照明功率密度限值作了规定,并给出了现行值与目标值。本指南 4.5.2 条是基于现场测试与问卷调查得出的航站楼各功能空间的照度推荐值。以此为依据进行照明设计,可以有效降低照明能耗,保证满足国家标准的限值。

9.1.2 航站楼应充分利用天然采光,降低照明时间。

【条文说明】

充足的天然采光不仅有利于建筑使用者的生理和心理健康,同时也有利于降低人工照明能耗。在利用天然采光的同时也需要考虑太阳得热,以免因太阳得热过大导致空调负荷增加。

9.1.3 应选择高效率以及长寿命灯具。

【条文说明】

航站楼高度较高,灯具不易更换,使用长寿命灯具可有效减少更换灯具次数。

9.1.4 有条件时宜随室外天然光的变化自动调节人工照明照度。

【条文说明】

室内的人工照明随航班联动变化。当航班较少时,室内的人工照明应按照人工照明的照度标准,自动关掉一部分灯,这样做有利于节约能源和照明电费。

9.1.5 有条件时宜利用导光和反光装置将天然光引入室内进行

照明。

【条文说明】

在技术经济条件允许的条件下，宜采用各种导光装置，如光导管、光导纤维等，将光引入内区进行照明，或采用各种反光装置，如利用安装在窗上的反光板和棱镜等使光折向房间的深处，提高照度，节约电能。

9.1.6 有条件时宜利用太阳能作为照明能源。

【条文说明】

太阳能是取之不尽、用之不竭的能源，虽一次性投资大，但维护和运行费用很低，符合节能和环保要求。经核算证明技术经济合理时，宜利用太阳能作为照明能源。

10 能 耗 评 价

10.1 冷 热 量

10.1.1 严寒和寒冷地区机场航站楼单位面积年耗热量指标不应高于表 10.1 所列约束值，宜低于表 10.1 所列引导值。

表 10.1 机场航站楼单位面积年耗热量指标

约束值和引导值［单位：GJ/(m² ·年)］

I类地区	
约束值	引导值
0.36	0.25

注：I类是指严寒和寒冷地区，即法定需要采暖地区。

【条文说明】

单位面积年耗热量指标，按照如下公式计算：

$$HCA = \frac{Q_h}{A}$$

式中 HCA——单位面积年耗热量指标，GJ/(m² ·年)；

Q_h——航站楼年耗热量，统计周期为一日历年，GJ/年；

A——航站楼面积，m²。

10.1.2 严寒和寒冷地区机场航站楼单位面积年供热综合能耗指标不应高于表 10.2 所列约束值，宜低于表 10.2 所列引导值。

表 10.2 机场航站楼单位面积年供热综合能耗指标

约束值和引导值［单位：kgce/(m² ·年)］

I类地区	
约束值	引导值
18.0	12.5

注：I类是指严寒和寒冷地区，即法定需要采暖地区。

【条文说明】

单位面积年供热综合能耗指标，按照如下公式计算：

$$ECA_h = \frac{E_h}{A}$$

式中　ECA_h——单位面积年供热综合能耗指标，kgce/（m²·年）；

E_h——航站楼供热采暖系统能耗，统计周期为一日历年，折标系数见附录，kgce/年；

A——航站楼面积，单位为 m²。

10.1.3 机场航站楼单位面积年耗冷量指标不应高于表 10.3 所列约束值，宜低于表 10.3 所列引导值。

表 10.3　机场航站楼单位面积年耗冷量指标

约束值和引导值［单位：GJ/（m²·年）］

Ⅰ类地区		Ⅱ类地区	
约束值	引导值	约束值	约束值
0.40	0.30	0.60	0.40

注：Ⅰ类是指严寒和寒冷地区，即法定需要采暖地区；Ⅱ类是其他地区。

【条文说明】

单位面积年耗冷量指标，按照如下公式计算：

$$CCA = \frac{Q_c}{A}$$

式中　CCA——单位面积年耗冷量指标，GJ/（m²·年）；

Q_c——航站楼年（制冷季）耗冷量，GJ/年；

A——航站楼面积，m²。

10.1.4 机场航站楼单位面积年供冷能耗指标不应高于表 10.4 所列约束值，宜低于表 10.4 所列引导值。

表 10.4　机场航站楼单位面积年供冷能耗指标

约束值和引导值［单位：kWh/（m² · 年）］

Ⅰ类地区		Ⅱ类地区	
约束值	引导值	约束值	引导值
40.0	28.0	60.0	35.0

注：Ⅰ类是指严寒和寒冷地区，即法定需要采暖地区；Ⅱ类是其他地区。

【条文说明】

单位面积年供冷能耗指标，按照如下公式计算：

$$ECA_c = \frac{E_c}{A}$$

式中　ECA_c——单位面积年供冷能耗指标，kWh/（m² · 年）；

E_c——机场航站楼供冷系统年（制冷季）能耗，kWh/年；

A——航站楼面积，m²。

10.2　建 筑 能 耗

10.2.1　机场综合能耗强度指标不应高于表 10.5 所列约束值，宜低于表 10.5 所列引导值。

表 10.5　机场综合能耗强度指标约束值和引导值［单位 kgce/（m² 年）］

Ⅰ类地区		Ⅱ类地区	
约束值	引导值	约束值	引导值
90	65	85	60

注：Ⅰ类是指严寒和寒冷地区，即法定需要采暖地区；Ⅱ类是其他地区。

【条文说明】

机场综合能耗强度指标，按照如下公式计算：

$$EUI = \frac{E}{A}$$

式中　EUI——机场综合能耗强度指标，kgce/（m² · 年）；

E——机场综合能耗总量，包含机场航站楼某完整日历年内消耗的电力、蒸汽、燃气、冷量、热量等，以及飞行区内航空器支持系统能耗，折标系数见附录，kgce/年；

A——航站楼面积，m^2。

10.2.2 航站楼电耗强度指标不应高于表 10.6 所列约束值，宜低于表 10.6 所列引导值。

表 10.6 航站楼电耗强度指标约束值和引导值 ［单位：$kWh/(m^2 \cdot 年)$］

Ⅰ类地区		Ⅱ类地区	
约束值	引导值	约束值	引导值
140	105	180	140

注：Ⅰ类是指严寒和寒冷地区，即法定需要采暖地区；Ⅱ类是其他地区。

【条文说明】

航站楼电耗强度指标，按照如下公式计算：

$$EUI_e = \frac{E_e}{A}$$

式中 EUI_e——航站楼电耗强度指标，$kWh/(m^2 \cdot 年)$；

E_e——航站楼年电耗，kWh/年。

A——航站楼面积，m^2。

10.2.3 机场航站楼年平均单位乘客综合能耗指标不应高于表 10.7 所列约束值，宜低于表 10.7 所列引导值。

表 10.7 机场航站楼年平均单位乘客综合能耗指标
约束值和引导值（单位：kgce/人次）

Ⅰ类地区		Ⅱ/Ⅲ类地区	
约束值	引导值	约束值	引导值
0.90	0.65	0.85	0.60

注：Ⅰ类是指严寒和寒冷地区，即法定需要采暖地区；Ⅱ类是其他地区。

【条文说明】

年平均单位乘客综合能耗指标，按照如下公式计算：

$$EUP = \frac{E}{PAX}$$

式中 EUP——年平均单位乘客综合能耗指标，kgce/人次；

E——航站楼年能耗，能耗折算系数见附录，kgce/年；

PAX——年乘客吞吐量，不含货邮，人次/年。

10.2.4 机场航站楼年平均单位乘客电耗指标不应高于表 10.8 所列约束值，宜低于表 10.8 所列引导值。

表 10.8 机场航站楼年平均单位乘客电耗指标
约束值和引导值（单位：kWh/人次）

Ⅰ类地区		Ⅱ类地区	
约束值	引导值	约束值	引导值
1.50	1.10	2.40	1.80

注：Ⅰ类是指严寒和寒冷地区，即法定需要采暖地区；Ⅱ类是其他地区。

【条文说明】

年平均单位乘客电耗指标，按照如下公式计算：

$$EUP_e = \frac{E_e}{PAX}$$

式中 EUP_e——年平均单位乘客电耗指标，kWh/人次；

E_e——航站楼年电耗，kWh/年；

PAX——年乘客吞吐量，不含货邮，人次/年。

10.3 系统和设备能效

10.3.1 机场航站楼电制冷系统能效比指标不应低于表 10.9 所列约束值，宜高于表 10.9 所列引导值；吸收式制冷系统能效比不应低于表 10.10 所列约束值，宜高于表 10.10 所列引导值。

表 10.9 电制冷系统能效比指标约束值和引导值

冷水机组额定制冷量 CL（kW）	约束值	引导值
$CL \leqslant 528$	3.2	4.3
$528 < CL \leqslant 1163$	3.4	4.5
$CL > 1163$	3.6	4.7

表 10.10　吸收式制冷系统能效比指标约束值和引导值

吸收式冷水机组	约束值	引导值
	一次泵系统	一次泵系统
吸收式机组能效比	0.9	1.1

【条文说明】

制冷系统能效比指标，按照如下公式计算：

$$EER = \frac{Q_c}{\sum N}$$

式中　EER——制冷系统的能效比；

　　　Q_c——运行制冷站制冷季供冷量，kWh/年；

　　　$\sum N$——制冷系统主要设备的制冷季能耗，kWh/年。

注：对采用蒸发冷却的水冷冷水机组而言，制冷系统包括冷水机组、冷水泵、冷却水泵、冷却塔；对风冷冷水机组而言，制冷系统包括冷水机组、冷水泵。

10.3.2　电制冷冷水机组运行能效指标不应低于表 10.11 所列约束值，宜高于表 10.11 所列引导值；吸收式冷水机组运行能效指标不应低于表 10.12 所列约束值，宜高于表 10.12 所列引导值。

表 10.11　电制冷冷水机组能效比指标约束值

冷水机组额定制冷量 CL（kW）	约束值	引导值
$CL \leqslant 528$	4.4	5.5
$528 < CL \leqslant 1163$	4.7	5.8
$CL > 1163$	5.1	6.0

表 10.12　吸收式冷水机组能效比指标约束值和引导值

吸收式冷水机组能效比	约束值	引导值
制冷季累计工况	1.0	1.2

【条文说明】

冷源运行能效比指标，按照如下公式计算：

$$COP = \frac{Q_c}{N_{chiller}}$$

式中　COP——冷水机组的运行能效比；

　　　Q_c——冷水机组年供冷量或瞬时供冷量，kWh/年或 kW；

　　$N_{chiller}$——冷机年能耗或瞬时能耗，kWh/年或 kW。

注 1. 当冷机采用电制冷方式时，"冷机能耗"为冷机耗电功率。

2. 当冷机采用吸收式制冷方式时，若采用直燃式吸收机，"冷机能耗"为单位时间内输入冷机的燃料的低位发热量，再加上冷机自身耗电量折算热值；若采用蒸汽吸收机，"冷机能耗"为单位时间内输入冷机的蒸汽释放的热量，再加上冷机自身耗电量折算热值。

3. 若同时开启了电制冷机和吸收式制冷机，则二者分别计算。

4. 当待测系统采用电制冷方式时，可直接测量瞬时冷量、瞬时电功率计算；当待测系统采用直燃式吸收机制冷时，由于可能存在大小火切换导致燃料消耗量存在较大波动，典型负荷工况和部分负荷工况测取至少 1h 的时间的累计冷量、累计燃料消耗量（或累计耗热量），再折算成瞬时冷量和瞬时耗热量进行计算。

10.3.3 冷水系统输送系数指标不应低于表 10.13 所列约束值，宜高于表 10.13 所列引导值。

表 10.13　冷水系统输送系数指标约束值和引导值

冷水系统形式	约束值	引导值
一次泵水系统	30	45
二次、三次泵水系统	20	40

【条文说明】

冷水系统输送系数指标，按照如下公式计算：

$$WTF_{chw} = \frac{Q_c}{N_{chwp}}$$

式中　WTF_{chw}——冷水输送系数；

　　　Q_c——制冷站年供冷量或瞬时供冷量，kWh/年或 kW；

　　W_{chwp}——冷水泵年电耗或瞬时电耗，kWh/年或 kW。

10.3.4 冷却水系统输送系数指标不应低于表 10.14 所列约束

值，宜高于表 10.14 所列引导值。

表 10.14　冷却水系统输送系数指标约束值和引导值

冷却水输送系数	约束值	引导值
制冷季累计工况	25	45

【条文说明】

冷却水系统输送系数指标，按照如下公式计算：

$$WTF_{cw} = \frac{Q_c + N_{chiller}}{N_{cwp} + N_{ct}}$$

式中　WTF_{cw}——冷却水输送系数；

Q_c——制冷站年供冷量或瞬时供冷量，kWh_c/年或 kW_c；

$N_{chiller}$——冷机年能耗或瞬时能耗，kWh/年或 kW；

N_{cwp}——冷却泵年电耗或瞬时电耗，kWh/年或 kW；

N_{ct}——冷却塔年电耗或瞬时电耗，kWh/年或 kW。

10.3.5　电驱动热泵型热源运行效率指标不应低于表 10.15 所列约束值，宜高于表 10.15 所列引导值。

表 10.15　电驱动热泵型热源运行效率指标约束值和引导值

锅炉类型	约束值	引导值
地源、水源或污水源热泵	3.0	3.6
空气源热泵或风冷热泵	2.0	2.8

【条文说明】

电驱动热泵型热源运行效率指标，按照如下公式计算：

$$EER_{hp} = \frac{Q_{hp}}{\Sigma N_{hp}}$$

式中　EER_{hp}——电驱动热泵型热源效率；

Q_{hp}——电驱动热泵型热源某一供暖季供热量，单位为 GJ/年；

ΣN_{hp}——供热系统主要设备（包括热泵压缩机、热源侧循环泵）电耗，kWh/年。

10.3.6 化石燃料燃烧型热源运行效率指标不应低于表 10.16 所列约束值，宜高于表 10.16 所列引导值。

表 10.16 化石能源燃烧型热源运行效率指标约束值和引导值

锅炉类型	约束值	引导值
燃煤（Ⅱ类烟煤）、蒸汽热水锅炉	78%	85%
燃油、燃气、蒸汽热水锅炉	89%	94%
直燃机	90%	95%

【条文说明】

化石能源燃烧型热源运行效率指标，按照如下公式计算：

$$\eta = \frac{Q_h}{N_{heater}}$$

式中　η——化石能源燃烧型热源的运行效率；

Q_h——化石能源燃烧型热源某一供暖季供热量，GJ/年；

N_{heater}——化石能源燃烧型热源某一供暖季燃料消耗量，GJ/年。

10.3.7 供热循环泵输送系数指标不应低于表 10.17 所列约束值，宜高于表 10.17 所列引导值。

表 10.17 供热循环泵输送系数指标约束值和引导值

供热循环泵输送系数	约束值	引导值
供暖季	45	80

【条文说明】

供热循环泵输送系数指标，按照如下公式计算：

$$WTF_h = \frac{Q_h}{\sum N_h}$$

式中　WTF_h——供热循环泵输送系数；

Q_h——供热循环泵输送热量，kWh/年；

$\sum N_h$——供热循环泵某一连续供暖季电耗，kWh/年。

10.3.8 空调末端能效比指标不应低于表 10.18 所列约束值，宜高于表 10.18 所列引导值。

表 10.18　空调末端能效比指标约束值和引导值

空调末端能效比	约束值	引导值
全空气系统	6	8
新风机组＋风机盘管系统	9	12
风机盘管系统	24	30

【条文说明】

空调末端能效比指标，按照如下公式计算：

$$EER_t = \frac{Q}{\Sigma N_t}$$

式中　EER_t——空调末端能效比；

　　　Q——空调末端消耗的总冷量，kWh 或 GJ；

　　　ΣN_t——各类空调末端（包含各类空调机组、新风机组、排风机组、风机盘管等）的某整个制冷季电耗或连续某个供暖季电耗，kWh/年。

附录　各种能源的折算系数

建筑消耗的能源涉及的能源种类为电力和化石能源（如煤、油、天然气等），可将不同种类的能源统一折算为标准煤，单位为 kgce，其中：

电与标准煤的折算，按照供电煤耗进行换算，1kWh 电＝0.320 kgce。

化石能源与标准煤的折算，按照热值进行换算，如附表所示。

附表　折算系数

能源种类	单位实物量热值	与标准煤折算系数
油田天然气	38.93MJ/m³	1.330kgce/m³
气田天然气	35.54MJ/m³	1.214kgce/m³
液化石油气	50.18MJ/kg	1.714kgce/kg
水煤气	10.45MJ/m³	0.357kgce/m³
原油	41.82MJ/kg	1.429kgce/kg
燃料油	41.82MJ/kg	1.429kgce/kg
汽油	43.07MJ/kg	1.471kgce/kg
柴油	42.65MJ/kg	1.457kgce/kg
原煤	20.91MJ/kg	0.714kgce/kg
焦炭	28.44MJ/kg	0.971kgce/kg
洗精煤	26.34MJ/kg	0.900kgce/kg
热力（当量值）	—	0.03412kgce/MJ
蒸汽（低压）	3763MJ/t	0.1286kgce/kg

注：燃料低位发热量数据来源于《中国能源统计年鉴2013》。

参 考 文 献

[1] 中国建筑科学研究院. GB 50736—2012 民用建筑供暖通风与空气调节设计规范[S]. 北京：中国建筑工业出版社，2012.

[2] 中国建筑科学研究院. GB 50034—2013 建筑设计照明标准[S]. 北京：中国建筑工业出版社，2013.

[3] 中国建筑科学研究院声学研究所. GB 9660—88 机场周围飞机噪声环境标准[S]. 北京：中国建筑工业出版社，1988.

[4] ASHRAE handbook HVAC APPLICATIONS 2015 [S]. United States of America：Standing Standard Project Committee (SSPC)，2015.

[5] American National Standards Institute (ANSI). Standard 62-2016 ANSI/ASHRAE [S]. United States of America：Standing Standard Project Committee (SSPC)，2016.

[6] Chartered Institution of Building Services Engineers (CIBSE). Guide A-Environmental Design [S]. United Kingdom：CIBSE，2007.

[7] 空气调和·卫生工学会. 空气调和·衛生設備工学便覧—空气调和設備编(第 14 版)[S]. 日本东京：丸善株式会社，2010.

[8] American National Standards Institute (ANSI). Standard 55-2017. ANSI/ASHRAE [S]. United States of America：Standing Standard Project Committee (SSPC)，2017.

[9] 章斯宇，孟子厚. 语言传输指数 STI 评价汉语清晰度的失效性[J]. 中国传媒大学学报(自然科学版)，2015 年 2 月，第 22 卷，第 1 期.

[10] 中国民用航空局. MH/T 5033—2017 绿色航站楼标准[S]. 北京：中国民航出版社，2017.